まえがき

　新学習指導要領の改訂により、小学校で学ぶ内容は英語なども加わり多岐にわたるようになりました。しかし、算数や国語といった教科の大切さは変わりません。

　そして、算数の力を身につけるためには、学校の授業で学んだことを「くり返し学習する」ことが大切です。ただ、学校で学ぶことはたくさんあるけれど、学習時間は限られているため、家庭での取り組みが一層大切になってきます。

ロングセラーをさらに使いやすく

　本書「陰山ドリル　上級算数」は、算数の基礎基本を身につけ、さらに応用力を養うドリルです。

　長年、小学生や保護者の皆さんに支持されてきました。それは、「家庭」で「くり返し」、「取り組みやすい」よう工夫されているからです。

　今回、指導要領の改訂に合わせ、内容の更新を行うとともに、さらに新しい工夫を加えています。

JN060671

陰山ドリル上級算数のポイント

・図などを用いた「わかりやすい説明」

・「なぞり書き」で学習でサポート

・大切な単元には理解度がわかる「まとめ」つき

・豊富な問題量で応用力を養う

　つまずきを少なくすることで「算数の苦手意識」をなくし、できたという「達成感」が得られるようになります。

　本書が、お子様の学力育成の一助になれば幸いです。

陰山英男・桝谷雄三

も く じ

たし算 (1)

名前

❀　2年1組の　人数は、35人です。2組は　34人です。1組と　2組の　人数を　あわせると、何人ですか。

① しき　35＋34

② ひっ算の　かき方

```
    3 5
 +  3 4
```

同じ　くらいの　数を　たてに　そろえて　計算する　やり方を　ひっ算と　いいます。

③ ひっ算の　やり方

```
    3 5
 +  3 4
 ───────
    6 9
    ㋑ ㋐
```

㋐　はじめに　一のくらいを　計算します。
　　5＋4＝9
㋑　つぎに　十のくらいを　計算します。
　　3＋3＝6

④ 答え　35＋34＝69

答え _____

たし算 (2)

🌸 つぎの　計算を　しましょう。

①
$$\begin{array}{r} 12 \\ + 44 \\ \hline \end{array}$$

②
$$\begin{array}{r} 17 \\ + 61 \\ \hline \end{array}$$

③
$$\begin{array}{r} 21 \\ + 36 \\ \hline \end{array}$$

④
$$\begin{array}{r} 25 \\ + 32 \\ \hline \end{array}$$

⑤
$$\begin{array}{r} 30 \\ + 48 \\ \hline \end{array}$$

⑥
$$\begin{array}{r} 33 \\ + 44 \\ \hline \end{array}$$

⑦
$$\begin{array}{r} 46 \\ + 22 \\ \hline \end{array}$$

⑧
$$\begin{array}{r} 48 \\ + 31 \\ \hline \end{array}$$

⑨
$$\begin{array}{r} 52 \\ + 17 \\ \hline \end{array}$$

⑩
$$\begin{array}{r} 63 \\ + 13 \\ \hline \end{array}$$

⑪
$$\begin{array}{r} 72 \\ + 15 \\ \hline \end{array}$$

⑫
$$\begin{array}{r} 81 \\ + 14 \\ \hline \end{array}$$

たし算 (3)

名前

53＋4を　ひっ算で　しましょう。

```
    5 3
  ＋   4
    5 7
    ウ イ
```

㋐　くらいを　そろえて　かきます。
㋑　一のくらいを　計算　します。
　　3＋4＝7
㋒　十のくらいを　計算　します。
　　十のくらいは、5だけなので、
　　そのまま　下に　かきます。

🌸　つぎの　計算を　しましょう。

① 33＋6
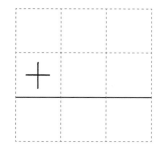

② 46＋2
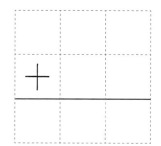

③ 62＋4
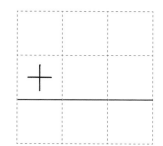

④ 74＋5
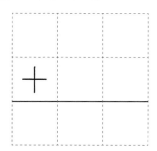

⑤ 81＋8
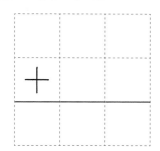

⑥ 95＋3
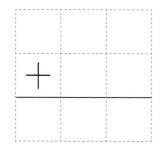

2＋74を ひっ算で しましょう。

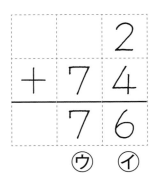

⑦ くらいを そろえて かきます。
⑦ 一のくらいを 計算 します。
　　2＋4＝6
⑦ 十のくらいを 計算 します。
　十のくらいは、7だけなので、
　そのまま 下に かきます。

🌸 つぎの 計算を しましょう。

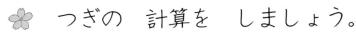

① 3＋25

② 2＋56

③ 1＋67

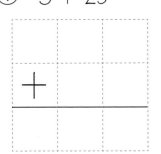

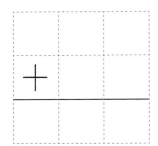

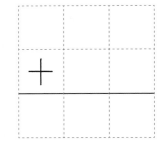

④ 5＋93

⑤ 4＋84

⑥ 6＋71

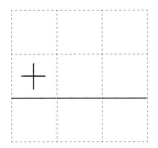

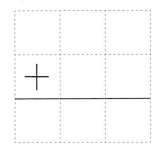

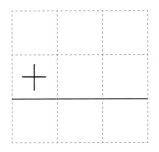

たし算 (5)

名前

24 ＋ 58 を ひっ算で しましょう。

```
   2 4
 + 5 8
 ─────
   8 2
```

↑ くり上がり

⑦ くらいを そろえて かきます。

④ 一のくらいを 計算 します。
　4＋8＝12 十のくらいの
　1は 十のくらいに 小さく
　かきます。

⑤ 十のくらいを 計算 します。

🌸 つぎの 計算を しましょう。

①
```
   1 3
 + 6 9
 ─────
```

②
```
   2 7
 + 3 7
 ─────
```

③
```
   4 6
 + 2 7
 ─────
```

④
```
   1 7
 + 2 8
 ─────
```

⑤
```
   3 8
 +   3
 ─────
```

⑥
```
     2
 + 6 9
 ─────
```

たし算 (6)

名前

つぎの 計算を しましょう。

①
```
     4
+  5 8
_____
```

②
```
     6
+  1 7
_____
```

③
```
     2
+  3 9
_____
```

④
```
   3 7
+  5 4
_____
```

⑤
```
   4 3
+  3 7
_____
```

⑥
```
   4 9
+  3 5
_____
```

⑦
```
   5 5
+  2 6
_____
```

⑧
```
   6 1
+  2 9
_____
```

⑨
```
   7 3
+  1 8
_____
```

⑩
```
   6 5
+  1 7
_____
```

⑪
```
   5 8
+  2 7
_____
```

⑫
```
   4 7
+  2 6
_____
```

たし算 (7)

名前

月　　日

🌸　つぎの　計算を　しましょう。

①
```
    5
+ 3 6
─────
```

②
```
    4
+ 3 8
─────
```

③
```
    9
+ 4 9
─────
```

④
```
  3 5
+ 2 5
─────
```

⑤
```
  4 1
+ 2 9
─────
```

⑥
```
  1 8
+ 4 7
─────
```

⑦
```
  4 8
+ 3 5
─────
```

⑧
```
  2 2
+ 6 8
─────
```

⑨
```
  3 6
+ 3 6
─────
```

⑩
```
  5 3
+ 2 7
─────
```

⑪
```
  4 5
+ 1 5
─────
```

⑫
```
  2 8
+ 4 9
─────
```

たし算 まとめ (1)

月　　日

1 つぎの 計算を しましょう。　　　　　　　（1つ10点）

①
```
   2 0
 + 5 5
```

②
```
   2 2
 +   5
```

③
```
   3 1
 + 5 1
```

④
```
     1
 + 4 9
```

⑤
```
   3 8
 + 4 5
```

⑥
```
   1 9
 + 5 4
```

⑦
```
   5 4
 + 2 7
```

⑧
```
   6 2
 + 2 8
```

⑨
```
   5 7
 + 1 9
```

2 あきらさんは 37まい、つよしさんは 25まい カードを もっています。あわせて 何まいに なりますか。

（10点）

しき

答え＿＿＿＿＿＿＿＿＿

点

— 10 —

たし算 まとめ (2)

名前

1 つぎの　計算を　しましょう。

（1つ10点）

①
```
  4 4
+ 2 2
─────
```

②
```
    1
+ 6 3
─────
```

③
```
  6 4
+   2
─────
```

④
```
    6
+ 4 6
─────
```

⑤
```
  3 4
+ 3 7
─────
```

⑥
```
  5 1
+ 2 9
─────
```

⑦
```
  3 9
+ 2 6
─────
```

⑧
```
  5 6
+ 2 4
─────
```

⑨
```
  6 4
+ 2 8
─────
```

2 きのう　赤い花が　23本、白い花が　19本
さきました。あわせて　何本　さきましたか。　（10点）

しき

答え _____

点

ひき算 (1) 名前

1 2年生は、1組と　2組で　69人います。
1組は、32人です。2組は、何人ですか。

① しき　　69 − 32

② ひっ算の　やり方

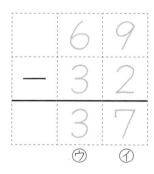

㋐ 同じ　くらいの　数を　たてに　そろえて　かきます。

㋑ 一のくらいを　計算　します。
9 − 2 = 7

㋒ 十のくらいを　計算　します。
6 − 3 = 3

③ 答えは

69 − 32 = 37

答え _____

2 つぎの　計算を　しましょう。

① 26 − 14

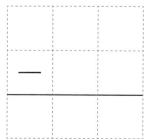

② 38 − 15

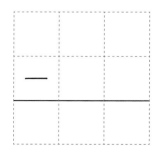

③ 54 − 42

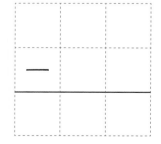

ひき算 (2)

名前

🌸 つぎの　計算を　しましょう。

①
```
   4 4
-  2 3
───────
```

②
```
   6 2
-  1 2
───────
```

③
```
   5 6
-  3 5
───────
```

④
```
   6 7
-  2 4
───────
```

⑤
```
   4 9
-  1 5
───────
```

⑥
```
   7 4
-  4 2
───────
```

⑦
```
   5 8
-  4 7
───────
```

⑧
```
   7 7
-  3 5
───────
```

⑨
```
   8 6
-  5 2
───────
```

⑩
```
   8 4
-  6 1
───────
```

⑪
```
   9 5
-  4 4
───────
```

⑫
```
   9 8
-  3 2
───────
```

ひき算 (3)

名前

 つぎの 計算を しましょう。

①
```
   3 3
 −   2
```

②
```
   4 6
 −   4
```

③
```
   5 5
 −   1
```

④
```
   6 4
 −   3
```

⑤
```
   7 8
 −   5
```

⑥
```
   8 7
 −   3
```

⑦
```
   3 6
 − 3 4
```

⑧
```
   4 7
 − 4 5
```

⑨
```
   5 9
 − 5 3
```

⑩
```
   6 5
 − 6 2
```

⑪
```
   7 6
 − 7 3
```

⑫
```
   8 8
 − 8 6
```

ひき算 (4)

名前

53－28を　ひっ算で　しましょう。

$$\begin{array}{r} 4\ \ 10 \\ \cancel{5}\ 3 \\ -\ 2\ 8 \\ \hline 2\ 5 \end{array}$$

⑦　くらいを　そろえて　かきます。

⑦　一のくらいを　計算　します。

・3－8は、できません。

・十のくらいの　5から　1だけ
　くずします。3の上に　10と
　かきます。

　　　13－8＝5

・十のくらいの　5を　4に　します。上の　くらいを
　くずして　計算　することを　**くり下がり**と　いいます。

⑦　十のくらいを　計算　します。　4－2＝2

❀　つぎの　計算を　しましょう。

①
$$\begin{array}{r} 3\ 4 \\ -\ 1\ 8 \\ \hline \end{array}$$

②
$$\begin{array}{r} 4\ 1 \\ -\ 1\ 9 \\ \hline \end{array}$$

③
$$\begin{array}{r} 7\ 5 \\ -\ 3\ 8 \\ \hline \end{array}$$

④
$$\begin{array}{r} 5\ 2 \\ -\ 2\ 4 \\ \hline \end{array}$$

⑤
$$\begin{array}{r} 6\ 0 \\ -\ 2\ 7 \\ \hline \end{array}$$

⑥
$$\begin{array}{r} 8\ 0 \\ -\ 3\ 9 \\ \hline \end{array}$$

ひき算 (5)

名前

🌸 つぎの 計算を しましょう。

①
```
  3 1
-   7
```

②
```
  2 4
-   6
```

③
```
  4 0
-   9
```

④
```
  3 5
- 1 8
```

⑤
```
  5 0
- 2 2
```

⑥
```
  6 3
- 2 8
```

⑦
```
  7 2
- 2 7
```

⑧
```
  4 3
- 2 6
```

⑨
```
  8 3
- 4 6
```

⑩
```
  3 5
- 2 9
```

⑪
```
  6 8
- 5 9
```

⑫
```
  8 1
- 7 3
```

ひき算 (6)

名前

🌸 つぎの　計算を　しましょう。

①
```
  4 2
-   5
─────
```

②
```
  3 0
-   8
─────
```

③
```
  5 1
-   4
─────
```

④
```
  4 5
- 2 8
─────
```

⑤
```
  6 1
- 2 7
─────
```

⑥
```
  3 7
- 1 9
─────
```

⑦
```
  6 6
- 2 8
─────
```

⑧
```
  3 2
- 1 6
─────
```

⑨
```
  7 0
- 3 1
─────
```

⑩
```
  5 3
- 4 8
─────
```

⑪
```
  7 1
- 6 5
─────
```

⑫
```
  8 2
- 7 4
─────
```

ひき算 まとめ (3)

名前

1 つぎの 計算を しましょう。　　　　　　　　　（1つ10点）

①
```
  3 5
-　1 3
```

②
```
  5 7
-　2 4
```

③
```
  6 9
-　　6
```

④
```
  3 1
-　　6
```

⑤
```
  5 6
-　　9
```

⑥
```
  6 4
-　2 6
```

⑦
```
  7 7
-　2 8
```

⑧
```
  8 4
-　7 6
```

⑨
```
  9 1
-　8 5
```

2 画用紙が 80まい あります。35まい
つかうと のこりは 何まいですか。　　　　（10点）

しき

答え 　　　　　　　　　　　　点

ひき算 まとめ (4)

名前

1 つぎの　計算を　しましょう。　　　　　　（1つ10点）

①
```
   3 9
 - 1 4
```

②
```
   7 3
 - 3 2
```

③
```
   9 7
 -   3
```

④
```
   4 0
 -   7
```

⑤
```
   5 5
 -   8
```

⑥
```
   7 3
 - 3 7
```

⑦
```
   6 7
 - 3 8
```

⑧
```
   9 2
 - 4 7
```

⑨
```
   9 0
 - 8 6
```

2 白いばらの　花が　63本、赤いばらの　花が 47本　さいて　います。数の　ちがいは　何本です か。　　　　　　（10点）

しき

答え _____

点

大きな数 (1)

名前

- □ を 1と します。　　　　　　　　　　1
- □ が 10こで | 10 です。　　　　　10
- | が 10こで □ 100 です。　　　100

1 □ を 1と したとき、つぎの 数は いくつです か。

①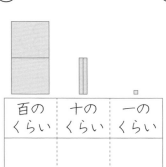

百の くらい	十の くらい	一の くらい

②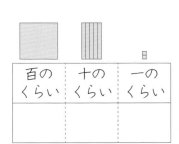

百の くらい	十の くらい	一の くらい

③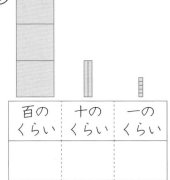

百の くらい	十の くらい	一の くらい

2 つぎの 数を 読みましょう。

① 376　　② 529　　③ 841

3 つぎの 数を 数字で かきましょう。

① 100を 4こ、10を 6こ、1を 2こ あわせた数。　　　　　　　　（　　　）

② 100を 7こ、10を 1こ、1を 8こ あわせた数。　　　　　　　　（　　　）

1 つぎの　数は　いくつですか。

① 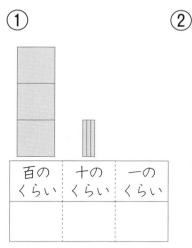 ② 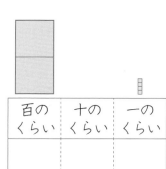 ③

百の くらい	十の くらい	一の くらい

百の くらい	十の くらい	一の くらい

百の くらい	十の くらい	一の くらい

2 つぎの　数を　読みましょう。

① 560　　② 407　　③ 900

3 つぎの　数を　数字で　かきましょう。

① 100を　2こ、10を　6こ

あわせた数。　　　　　　　　　　　（　　　　　）

② 100を　5こ、1を　4こ

あわせた数。　　　　　　　　　　　（　　　　　）

③ 五百六十（　　　　）　　④ 六百二十（　　　　）

⑤ 九百三　（　　　　）　　⑥ 四百五　（　　　　）

⑦ 八百　　（　　　　）　　⑧ 二百　　（　　　　）

月　　　日

100
☐ が　9こで、九百です。

100
☐ が　10こで、　　　千に　なります。
　　　　　　　　　　1000と　かきます。

千の くらい	百の くらい	十の くらい	一の くらい
1	0	0	0

✿　つぎの　☐に　数を　かきましょう。

100	200		

— 22 —

1 大きい　数を　かきましょう。

① 695と　701 では、どちらが　大きいですか。

（　　　　）

② 699と　710 では、どちらが　大きいですか。

（　　　　）

> 数の　大小を　あらわすのに　＞や　＜の
> しるしを　つかいます。
>
> $8 > 5$　　　　$3 < 5$　　　　$5 = 5$
>
> 8は、5より　　　　3は、5より　　　　5は、5と　大
> 大きい　　　　　　小さい　　　　　きさが　同じ

2 □の　中に、大小を　あらわす　しるしを
かきましょう。

① 376 □ 589　　　　② 428 □ 439

③ 628 □ 621　　　　④ 700 □ 689

⑤ 810 □ 801　　　　⑥ 999 □ 1000

大きな数 (5)

名前

1 つぎの 数を 右の わくに かきましょう。

① 1000を 3こ、100を
5こ 10を 7こ、1を
2こ あつめた数。

② 1000を 5こ、10を
3こ、1を 2こ
あつめた数。

③ 1000を 4こ、100を 8こ あつめた数。

④ 1000を 8こ あつめた数。

	千の くらい	百の くらい	十の くらい	一の くらい
①				
②				
③				
④				

2 つぎの 数を 数字で かきましょう。

① 二千五百六十八

（　　　　　　　）

② 三千三百三十

（　　　　　　　）

③ 六千七百

（　　　　　　　）

④ 九千六十五

（　　　　　　　）

3 つぎの 数を かん字で かきましょう。

① 5827 （　　　　　　　　　　　）

② 6004 （　　　　　　　　　　　）

③ 3700 （　　　　　　　　　　　）

大きな数 (6)

名前

1 下の 数の 線を 見て 考えましょう。

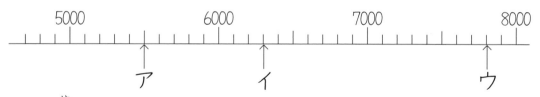

① 矢じるしの 数を かきましょう。

ア（　　　　　）イ（　　　　　　）ウ（　　　　　）

② 6900の ところに ↑を かきましょう。

③ 7000より 500小さい 数を かきましょう。

（　　　　　　）

④ 6000より 900大きい 数を かきましょう。

（　　　　　　）

2 つぎの 数を かきましょう。

① 100を 30こ あつめた数。　　（　　　　　　）

② 100を 52こ あつめた数。　　（　　　　　　）

③ 千のくらいが 3で、百のくらいが 8で、
十のくらいが 5で、一のくらいが 6の 数。

（　　　　　　）

④ 千のくらいが 7で、百のくらいが 2で、
ほかの くらいは 0の 数。　（　　　　　　）

千が 10こ あつまった 数を 一万と いいます。

1 つぎの 数を かきましょう。　(1つ10点)

① 1000を 4こ、100を 3こ、10を 2こ、1を 7こ あつめた数。　（　　　　　）

② 1000を 7こ、10を 4こ、1を 3こ あつめた数。　（　　　　　）

③ 1000を 7こ あつめた数。　（　　　　　）

④ 100を 72こ あつめた数。　（　　　　　）

⑤ 100を 100こ あつめた数。　（　　　　　）

2 □の 中に、大小を あらわす しるしを かきましょう。　(1つ10点)

① 347 □ 346　② 728 □ 827

③ 633 □ 533　④ 496 □ 487

⑤ 1589 □ 1590

点

1 つぎの □ に 数を かきましょう。　(□1つ5点)

① 6000 — [　] — 8000 — [　] — [　]

② 9600 — 9700 — [　] — 9900 — [　]

③ 9960 — [　] — [　] — 9990 — [　]

2 つぎの 数を かきましょう。　(1つ10点)

① 1000を 8こ あつめた数。　(　　　　　)

② 100を 70こ あつめた数。　(　　　　　)

③ 1000を 10こ あつめた数。　(　　　　　)

3 つぎの 数を 数字で かきましょう。　(1つ5点)

① 五千六百　　　　　　　② 八千五十

(　　　　　)　　　　　(　　　　　)

③ 九千九百九十九　　　　④ 一万

(　　　　　)　　　　　(　　　　　)

4 つぎの 数の 読み方を かん字で かきましょう。　(1つ5点)

① 6003 (　　　　　)

② 9078 (　　　　　)

[　　] 点

たし算 (8)

名前

52 ＋ 73の　計算を　しましょう。

```
    5 2
 ＋  7 3
 1  2 5
    ⓘ ⓐ
```

ⓐ　はじめに　一のくらいの　計算を
します。2＋3＝5

ⓘ　つぎに　十のくらいの　計算を
します。　5＋7＝12
1は、百のくらいに　かきます。

🌸　つぎの　計算を　しましょう。

①
```
   8 5
 ＋ 2 0
```

②
```
   3 1
 ＋ 7 6
```

③
```
   4 4
 ＋ 9 2
```

④
```
   5 0
 ＋ 8 3
```

⑤
```
   6 1
 ＋ 5 3
```

⑥
```
   5 7
 ＋ 7 2
```

⑦
```
   6 8
 ＋ 4 0
```

⑧
```
   7 4
 ＋ 4 1
```

⑨
```
   8 2
 ＋ 7 6
```

たし算 (9)

名前

45＋97の　計算を　しましょう。

```
   4 5
＋ 9 7
 1 4²1 2
   ⑦   ⑦
```

⑦　一のくらいの　計算を　します。
　　5＋7＝12
　　くり上がりの　1を　十のくらいに
小さく　かきます。

⑦　十のくらいを　計算を　します。
　　4＋9＋1＝14
　　1は、百のくらいに　かきます。

🌸　つぎの　計算を　しましょう。

①
```
   2 6
＋ 8 6
```

②
```
   3 3
＋ 8 9
```

③
```
   4 9
＋ 6 7
```

④
```
   5 5
＋ 6 6
```

⑤
```
   6 7
＋ 8 8
```

⑥
```
   7 5
＋ 6 9
```

⑦
```
   2 4
＋ 9 7
```

⑧
```
   5 4
＋ 7 9
```

⑨
```
   7 5
＋ 8 8
```

たし算 ⑩

名前

78 ＋ 26 の 計算を しましょう。

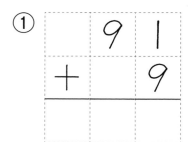

⑦　一のくらいの　計算を　します。
　　8＋6＝14
　くり上がりの　1を　十のくらい
に　小さく　かきます。
⑦　十のくらいの　計算を　します。
　　7＋2＋1＝10

🌸 つぎの　計算を　しましょう。

①
```
    9 1
+     9
─────────
```

②
```
    1 3
+   8 8
─────────
```

③
```
    9 7
+     8
─────────
```

④
```
    2 7
+   7 8
─────────
```

⑤
```
      9
+   9 2
─────────
```

⑥
```
    3 6
+   6 8
─────────
```

⑦
```
      5
+   9 8
─────────
```

⑧
```
    4 7
+   5 4
─────────
```

⑨
```
    5 9
+   4 6
─────────
```

たし算 (11)

名前

🌸　つぎの　計算を　しましょう。

①
```
   6 3
+  5 4
-------
```

②
```
   8 4
+  4 3
-------
```

③
```
   7 5
+  8 1
-------
```

④
```
   2 4
+  9 7
-------
```

⑤
```
   5 4
+  7 9
-------
```

⑥
```
   7 5
+  8 8
-------
```

⑦
```
   2 5
+  7 6
-------
```

⑧
```
   4 5
+  5 9
-------
```

⑨
```
   6 3
+  3 7
-------
```

⑩
```
   5 3
+  6 1
-------
```

⑪
```
   5 7
+  9 7
-------
```

⑫
```
   2 6
+  7 8
-------
```

たし算 まとめ (7)

名前

1 つぎの　計算を　しましょう。　　　　　（1つ 10点）

①
$$\begin{array}{r} 62 \\ +\ 93 \\ \hline \end{array}$$

②
$$\begin{array}{r} 68 \\ +\ 74 \\ \hline \end{array}$$

③
$$\begin{array}{r} 34 \\ +\ 69 \\ \hline \end{array}$$

④
$$\begin{array}{r} 75 \\ +\ 25 \\ \hline \end{array}$$

⑤
$$\begin{array}{r} 81 \\ +\ 66 \\ \hline \end{array}$$

⑥
$$\begin{array}{r} 34 \\ +\ 78 \\ \hline \end{array}$$

⑦
$$\begin{array}{r} 79 \\ +\ 44 \\ \hline \end{array}$$

⑧
$$\begin{array}{r} 19 \\ +\ 88 \\ \hline \end{array}$$

⑨
$$\begin{array}{r} 72 \\ +\ 62 \\ \hline \end{array}$$

2 ものがたりの　本が　74 さつ、図かんが　28 さつ あります。本は　あわせて　何さつですか。　　（10点）

しき

答え ＿＿＿＿＿＿＿＿＿

点

1 つぎの　計算を　しましょう。　　　　　　（1つ 10点）

① 　53
　＋61

② 　42
　＋79

③ 　63
　＋38

④ 　57
　＋97

⑤ 　34
　＋94

⑥ 　88
　＋36

⑦ 　87
　＋43

⑧ 　54
　＋48

⑨ 　42
　＋81

2 ボールペンは　90円、けしゴムは　55円です。
　　この2つを　買うと　何円ですか。　　　（10点）

しき

答え _____　　□ 点

ひき算 (7)

名前

127－42の 計算を しましょう。

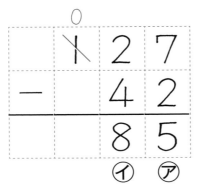

㋐ 一のくらいを 計算 します。
　7－2＝5
㋑ 十のくらいを 計算 します。
　2－4は、できません。
　百のくらいを くり下げます。
　12－4＝8

㋒ 百のくらいは、くり下げたので ありません。

🌸 つぎの 計算を しましょう。

①
```
  1 3 4
－   5 3
```

②
```
  1 4 8
－   6 2
```

③
```
  1 6 5
－   8 3
```

④
```
  1 5 9
－   9 4
```

⑤
```
  1 8 3
－   9 1
```

⑥
```
  1 7 6
－   8 5
```

ひき算 ⑻

名前

161－94の　計算を　しましょう。

```
    0  5  10
  ⚡ 6  1
 － 9  4
    6  7
    ⓘ ⓐ
```

ⓐ　一のくらいを　計算　します。
　1－4は、できません。十のくら
　いを　くり下げます。11－4＝7

ⓘ　十のくらいを　計算　します。
　5－9は、できません。百のくら
　いを　くり下げます。15－9＝6

ⓦ　百のくらいは、くり下げたので
　ありません。

🌸　つぎの　計算を　しましょう。

①
```
  1 8 5
－   9 7
```

②
```
  1 7 2
－   9 5
```

③
```
  1 6 4
－   8 6
```

④
```
  1 5 3
－   6 8
```

⑤
```
  1 4 6
－   7 9
```

⑥
```
  1 3 0
－   5 3
```

ひき算 (9)

名前

102 − 57の　計算を　しましょう。

```
      9  10
   ⃥ 1 0̸ 2
 −   5 7
─────────
     4 5
     ⓘ ⓐ
```

ⓐ　一のくらいを　計算　します。
　　2−7は、できません。十のくら
　　いが　0なので、百のくらいを
　　くり下げます。十のくらいは
　　9に　なります。
　　　12−7=5

ⓘ　十のくらいを　計算　します。
　　9−5=4

❀　つぎの　計算を　しましょう。

①
```
   1 0 4
 −   3 6
─────────
```

②
```
   1 0 5
 −   2 9
─────────
```

③
```
   1 0 7
 −   1 8
─────────
```

④
```
   1 0 0
 −   6 3
─────────
```

⑤
```
   1 0 1
 −     7
─────────
```

⑥
```
   1 0 3
 −     5
─────────
```

ひき算 ⑩

名前

🌸 つぎの　計算を　しましょう。

①
```
  1 1 7
-   5 4
-------
```

②
```
  1 2 1
-   2 4
-------
```

③
```
  1 3 3
-   5 4
-------
```

④
```
  1 0 1
-   7 6
-------
```

⑤
```
  1 2 7
-   8 4
-------
```

⑥
```
  1 6 3
-   7 5
-------
```

⑦
```
  1 0 4
-   4 5
-------
```

⑧
```
  1 0 0
-   3 6
-------
```

ひき算 まとめ (9)

名前

1 つぎの 計算を しましょう。　　　　　（1つ15点）

①
```
  1 6 3
-   7 5
```

②
```
  1 5 5
-   6 2
```

③
```
  1 0 7
-   1 9
```

④
```
  1 4 2
-   7 4
```

⑤
```
  1 4 7
-   7 2
```

⑥
```
  1 0 0
-   2 5
```

2 画用紙が 120まい あります。75まい
つかうと のこりは 何まいですか。　　　（10点）

しき

答え＿＿＿＿＿＿＿

点

ひき算 まとめ ⑽

名前

1 つぎの　計算を　しましょう。　　　　(1つ 15点)

①
```
  1 1 4
-   5 3
```

②
```
  1 3 1
-   7 9
```

③
```
  1 0 3
-   7 4
```

④
```
  1 3 7
-   4 3
```

⑤
```
  1 2 3
-   8 9
```

⑥
```
  1 0 0
-   7 8
```

2 えんぴつが　144本　あります。87人の　子どもに
1本ずつ　くばりました。のこりは　何本ですか。

しき
　　　　　　　　　　　　　　　　　　　　(10点)

答え _____

点

かけ算九九 (1)　名前

1　みかんが　どのおさらにも　2こずつ　のっています。

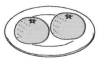 

① ぜんぶで　何こ　ありますか。　　（　　　　　）

1さらに　2こずつ　4さら分で　いくつ。

これを　2×4　という　しきで　かきます。

$$\boxed{1さらの数} \times \boxed{いくつ分} = \boxed{ぜんぶの数}$$

このような　計算を　かけ算と　いいます。

② □に　数を　かきましょう。

$$2 \times 4 = \boxed{}$$

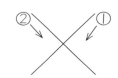

2　つぎの　ことを　かけ算の　しきで　あらわしましょう。

① 1ふくろに　5まいずつ　せんべいが　入っています。6ふくろでは、せんべいは、何まい　ありますか。　　　　　　　（　　　　　　　　　）

② ミニコースターは、1だいに　6人　のることが　できます。4だいでは　何人　のれますか。

（　　　　　　　　　）

 ……………月……日

✿ □に あてはまる 数を かきましょう。

①

りんごの 数は

しき □ × □ = □

②

なしの 数は

しき □ × □ = □

③

バナナの 数は

しき □ × □ = □

④

たこやきの 数は

しき □ × □ = □

かけ算九九 (3) 2のだん 名前

1 1さらに 2こずつ りんごが 入っています。
3さら あると、りんごは ぜんぶで 何こに
なりますか。

しき

答え _____

2 絵の りんごを 数えて、かけ算の 答えを
□に かきましょう。

① 2×1 =

② 2×2 =

③ 2×3 =

④ 2×4 =

⑤ 2×5 =

⑥ 2×6 =

⑦ 2×7 =

⑧ 2×8 =

⑨ 2×9 =

かけ算九九 (4)　2のだん　名前

🌸　2のだんの　かけ算の　ひょうを　かんせい
させましょう。九九を　となえて、おぼえましょう。

1あたりの数	いくつ分	ぜんぶの数	しきと　答え	九九（となえ方）
2	1	2	2×1＝2	にいちが　に
2	2	4	2×2＝4	ににんが　し
			×　＝	にさんが　ろく
			×　＝	にしが　はち
			×　＝	にご　じゅう
			×　＝	にろく　じゅうに
			×　＝	にしち　じゅうし
			×　＝	にはち　じゅうろく
			×　＝	にく　じゅうはち

1 りんごが　5こずつ　4れつ　入っています。
りんごは　ぜんぶで　何こ　ありますか。

しき

答え _____

2 絵の　○を　数えて、かけ算の　答えを　□に
かきましょう。

1　2　3　4　5　6　7　8　9

① 5×1 = □

② 5×2 = □

③ 5×3 = □

④ 5×4 = □

⑤ 5×5 = □

⑥ 5×6 = □

⑦ 5×7 = □

⑧ 5×8 = □

⑨ 5×9 = □

かけ算九九 (6)　5のだん　名前

🌸　5のだんの　かけ算の　ひょうを　かんせい
させましょう。九九を　となえて、おぼえましょう。

1あたりの数	いくつ分	ぜんぶの数	しきと　答え	九九（となえ方）
5	1	5	5×1＝5	ごいちが　　ご
5	2	10	5×2＝10	ごに　　じゅう
			×　＝	ごさん　　じゅうご
			×　＝	ごし　　にじゅう
			×　＝	ごご　　にじゅうご
			×　＝	ごろく　　さんじゅう
			×　＝	ごしち　　さんじゅうご
			×　＝	ごは　　しじゅう
			×　＝	ごっく　　しじゅうご

かけ算九九 ⑺　２と５のだん　　名前

🌸　つぎの　計算を　しましょう。

① ２×１＝　　　② ５×２＝

③ ５×１＝　　　④ ２×４＝

⑤ ２×２＝　　　⑥ ５×４＝

⑦ ２×６＝　　　⑧ ２×３＝

⑨ ５×３＝　　　⑩ ５×７＝

⑪ ２×５＝　　　⑫ ５×６＝

⑬ ２×９＝　　　⑭ ５×５＝

⑮ ２×７＝　　　⑯ ５×９＝

⑰ ２×８＝　　　⑱ ５×８＝

✿　つぎの　計算を　しましょう。

① $5 \times 3 =$

② $2 \times 2 =$

③ $2 \times 4 =$

④ $5 \times 5 =$

⑤ $5 \times 7 =$

⑥ $2 \times 3 =$

⑦ $5 \times 1 =$

⑧ $2 \times 8 =$

⑨ $2 \times 5 =$

⑩ $5 \times 6 =$

⑪ $5 \times 8 =$

⑫ $2 \times 9 =$

⑬ $2 \times 6 =$

⑭ $5 \times 2 =$

⑮ $5 \times 4 =$

⑯ $2 \times 1 =$

⑰ $2 \times 7 =$

⑱ $5 \times 9 =$

かけ算九九 (9)　3のだん　名前

1　1本の くしに だんごが 3こ さ さっていま す。くしが 3本 あると だんごは ぜんぶで 何こ ありますか。

しき

答え _____

2　絵の ○を 数えて、かけ算の 答えを □に かきましょう。

1	2	3	4	5	6	7	8	9
○	○	○	○	○	○	○	○	○
○	○	○	○	○	○	○	○	○
○	○	○	○	○	○	○	○	○

① $3 \times 1 =$ □　　② $3 \times 2 =$ □

③ $3 \times 3 =$ □　　④ $3 \times 4 =$ □

⑤ $3 \times 5 =$ □　　⑥ $3 \times 6 =$ □

⑦ $3 \times 7 =$ □　　⑧ $3 \times 8 =$ □

⑨ $3 \times 9 =$ □

かけ算九九 ⑽　3 のだん

名前

🌸　3のだんの　かけ算の　ひょうを　かんせい
させましょう。九九を　となえて、おぼえましょう。

1あたりの数	いくつ分	ぜんぶの数	しきと　答え	九九（となえ方）
			×　　＝	さんいちが　さん
			×　　＝	さんにが　ろく
			×　　＝	さざんが　く
			×　　＝	さんし　じゅうに
			×　　＝	さんご　じゅうご
			×　　＝	さぶろく　じゅうはち
			×　　＝	さんしち　にじゅういち
			×　　＝	さんぱ　にじゅうし
			×　　＝	さんく　にじゅうしち

かけ算九九 ⑾　4 のだん　名前

1 クッキーが　4まいずつ　ふくろに　入っていま
す。2ふくろ　あると　クッキーは
ぜんぶで　何まい　ありますか。

しき

答え _____

2 絵の　○を　数えて、かけ算の　答えを

1　2　3　4　5　6　7　8　9　　□　に　かきましょう。

① 4×1 = ☐　　② 4×2 = ☐

③ 4×3 = ☐　　④ 4×4 = ☐

⑤ 4×5 = ☐　　⑥ 4×6 = ☐

⑦ 4×7 = ☐　　⑧ 4×8 = ☐

⑨ 4×9 = ☐

かけ算九九 ⑿　4のだん　名前

❀　4のだんの　かけ算の　ひょうを　かんせい
させましょう。九九を　となえて、おぼえましょう。

1あたりの数	いくつ分	ぜんぶの数	しきと　答え	九九（となえ方）
			×　＝	しいちが　し
			×　＝	しにが　はち
			×　＝	しさん　じゅうに
			×　＝	しし　じゅうろく
			×　＝	しご　にじゅう
			×　＝	しろく　にじゅうし
			×　＝	ししち　にじゅうはち
			×　＝	しは　さんじゅうに
			×　＝	しく　さんじゅうろく

月　　日

🌸　つぎの　計算を　しましょう。

① $3 \times 6 =$

② $4 \times 2 =$

③ $3 \times 1 =$

④ $3 \times 9 =$

⑤ $4 \times 1 =$

⑥ $3 \times 2 =$

⑦ $4 \times 4 =$

⑧ $3 \times 3 =$

⑨ $4 \times 5 =$

⑩ $4 \times 8 =$

⑪ $3 \times 4 =$

⑫ $4 \times 7 =$

⑬ $3 \times 5 =$

⑭ $3 \times 7 =$

⑮ $4 \times 3 =$

⑯ $3 \times 8 =$

⑰ $4 \times 6 =$

⑱ $4 \times 9 =$

❀　つぎの　計算を　しましょう。

① $3 \times 1 =$　　② $4 \times 3 =$

③ $4 \times 2 =$　　④ $3 \times 4 =$

⑤ $3 \times 8 =$　　⑥ $4 \times 9 =$

⑦ $4 \times 6 =$　　⑧ $3 \times 5 =$

⑨ $3 \times 2 =$　　⑩ $4 \times 7 =$

⑪ $4 \times 5 =$　　⑫ $3 \times 6 =$

⑬ $3 \times 7 =$　　⑭ $4 \times 8 =$

⑮ $4 \times 1 =$　　⑯ $3 \times 9 =$

⑰ $3 \times 3 =$　　⑱ $4 \times 4 =$

かけ算九九 ⑮　6のだん

名前

1 セミには、足が　6本　ついています。セミを
3びき　つかまえました。足は
ぜんぶで　何本　ありますか。

しき

答え _____

2 絵の　○を　数えて、かけ算の　答えを　□に
かきましょう。

1　2　3　4　5　6　7　8　9

① $6 \times 1 =$ 〔　　〕

② $6 \times 2 =$ 〔　　〕

③ $6 \times 3 =$ 〔　　〕

④ $6 \times 4 =$ 〔　　〕

⑤ $6 \times 5 =$ 〔　　〕

⑥ $6 \times 6 =$ 〔　　〕

⑦ $6 \times 7 =$ 〔　　〕

⑧ $6 \times 8 =$ 〔　　〕

⑨ $6 \times 9 =$ 〔　　〕

かけ算九九 ⒃　6のだん

名前

🌸　6のだんの　かけ算の　ひょうを　かんせい させましょう。九九を　となえて、おぼえましょう。

1あたりの数	いくつ分	ぜんぶの数	しきと　答え	九九（となえ方）
			×　=	ろくいちが　ろく
			×　=	ろくに　じゅうに
			×　=	ろくさん　じゅうはち
			×　=	ろくし　にじゅうし
			×　=	ろくご　さんじゅう
			×　=	ろくろく　さんじゅうろく
			×　=	ろくしち　しじゅうに
			×　=	ろくは　しじゅうはち
			×　=	ろっく　ごじゅうし

かけ算九九 ⑴⑺　7のだん　名前

1 ナナホシテントウが　4ひき　います。くろい点は　ぜんぶで　何こ　ありますか。

しき

答え _____

2 絵の　○を　数えて、かけ算の　答えを　□に　かきましょう。

	1	2	3	4	5	6	7	8	9
7	○	○	○	○	○	○	○	○	○

① $7 \times 1 =$ ☐　　② $7 \times 2 =$ ☐

③ $7 \times 3 =$ ☐　　④ $7 \times 4 =$ ☐

⑤ $7 \times 5 =$ ☐　　⑥ $7 \times 6 =$ ☐

⑦ $7 \times 7 =$ ☐　　⑧ $7 \times 8 =$ ☐

⑨ $7 \times 9 =$ ☐

月　　日

✿　7のだんの　かけ算の　ひょうを　かんせい
させましょう。九九を　となえて、おぼえましょう。

1あた りの数	いくつ 分	ぜんぶ の 数	しきと　答え	九 九 （となえ方）
			×　＝	しちいちが　　しち
			×　＝	しちに　　じゅうし
			×　＝	しちさん　　にじゅういち
			×　＝	しちし　　にじゅうはち
			×　＝	しちご　　さんじゅうご
			×　＝	しちろく　　しじゅうに
			×　＝	しちしち　　しじゅうく
			×　＝	しちは　　ごじゅうろく
			×　＝	しちく　　ろくじゅうさん

月　　日

🌸　つぎの　計算を　しましょう。

① 6×1＝

② 6×6＝

③ 7×3＝

④ 6×2＝

⑤ 7×1＝

⑥ 6×7＝

⑦ 6×3＝

⑧ 7×2＝

⑨ 7×6＝

⑩ 7×4＝

⑪ 6×8＝

⑫ 6×4＝

⑬ 6×9＝

⑭ 7×8＝

⑮ 7×9＝

⑯ 6×5＝

⑰ 7×7＝

⑱ 7×5＝

🌸　つぎの　計算を　しましょう。

① $7 \times 3 =$　　② $6 \times 9 =$

③ $6 \times 7 =$　　④ $7 \times 2 =$

⑤ $7 \times 5 =$　　⑥ $6 \times 8 =$

⑦ $6 \times 5 =$　　⑧ $7 \times 6 =$

⑨ $7 \times 1 =$　　⑩ $6 \times 4 =$

⑪ $6 \times 2 =$　　⑫ $7 \times 8 =$

⑬ $7 \times 4 =$　　⑭ $6 \times 3 =$

⑮ $6 \times 6 =$　　⑯ $7 \times 9 =$

⑰ $7 \times 7 =$　　⑱ $6 \times 1 =$

月　　日

1 たこやきが　8こずつ　入っている　ふねを
3つ　買いました。たこや
きは　ぜんぶで　何こ
ありますか。

しき

答え _____

2 絵の　○を　数
えて、かけ算の
答えを　□に
かきましょう。

	1	2	3	4	5	6	7	8	9
8	○	○	○	○	○	○	○	○	○

① $8 \times 1 =$ ☐　　② $8 \times 2 =$ ☐

③ $8 \times 3 =$ ☐　　④ $8 \times 4 =$ ☐

⑤ $8 \times 5 =$ ☐　　⑥ $8 \times 6 =$ ☐

⑦ $8 \times 7 =$ ☐　　⑧ $8 \times 8 =$ ☐

⑨ $8 \times 9 =$ ☐

かけ算九九 ⑵22 8のだん 名前

🌸 8のだんの　かけ算の　ひょうを　かんせい
させましょう。九九を　となえて、おぼえましょう。

1あた(かず)りの数	いく(ぶん)つ分	ぜんぶの数	しきと　答え	九 九(となえ(かた)方)
			×　＝	はちいちが　　　はち
			×　＝	はちに　じゅうろく
			×　＝	はちさん　にじゅうし
			×　＝	はちし　さんじゅうに
			×　＝	はちご　しじゅう
			×　＝	はちろく　しじゅうはち
			×　＝	はちしち　ごじゅうろく
			×　＝	はっぱ　ろくじゅうし
			×　＝	はっく　しちじゅうに

かけ算九九 ⒀　9のだん　名前

1 1ケース　9つぶ　入りの　ガムを　2ケース
買いました。ガムは　何つぶ
あります か。

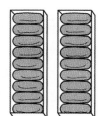

　　　しき

　　　　　　　　　　　　　　　　こた
　　　　　　　　　　　　　　　答え _____

2 絵の　○を　数
えて、かけ算の
答えを　□ に
かきましょう。

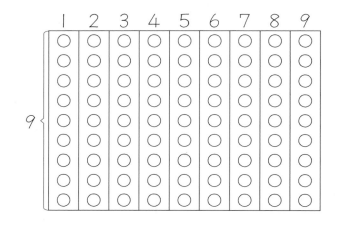

① 9×1 = □

② 9×2 = □

③ 9×3 = □

④ 9×4 = □

⑤ 9×5 = □

⑥ 9×6 = □

⑦ 9×7 = □

⑧ 9×8 = □

⑨ 9×9 = □

かけ算九九 ⑵ 9のだん ［名前］

🌸 9のだんの かけ算の ひょうを かんせい
させましょう。九九を となえて、おぼえましょう。

1あた りの数	いくつ 分	ぜんぶ の 数	しきと 答え	九 九 （となえ方）
			✕ ＝	くいちが　　　く
			✕ ＝	くに　じゅうはち
			✕ ＝	くさん　にじゅうしち
			✕ ＝	くし　さんじゅうろく
			✕ ＝	くご　しじゅうご
			✕ ＝	くろく　ごじゅうし
			✕ ＝	くしち　ろくじゅうさん
			✕ ＝	くは　しちじゅうに
			✕ ＝	くく　はちじゅういち

かけ算九九 (25) 8と9のだん 名前

🌸 つぎの 計算を しましょう。

① 8×3=　　② 8×1=

③ 9×2=　　④ 9×3=

⑤ 8×2=　　⑥ 8×6=

⑦ 9×1=　　⑧ 9×5=

⑨ 8×4=　　⑩ 8×8=

⑪ 9×4=　　⑫ 8×5=

⑬ 9×9=　　⑭ 9×6=

⑮ 8×7=　　⑯ 8×9=

⑰ 9×7=　　⑱ 9×8=

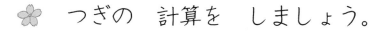
🌸 つぎの 計算を しましょう。

① 9×2＝

② 8×5＝

③ 8×3＝

④ 9×3＝

⑤ 9×1＝

⑥ 8×7＝

⑦ 8×2＝

⑧ 9×5＝

⑨ 9×8＝

⑩ 8×6＝

⑪ 8×8＝

⑫ 9×9＝

⑬ 9×4＝

⑭ 8×9＝

⑮ 8×4＝

⑯ 9×7＝

⑰ 9×6＝

⑱ 8×1＝

1 一りん車は、1だいに 車りんが 1こです。
　　一りん車 5だいでは、車りんは 何こ ありますか。

しき

答え _____

2 絵の ○を 数えて、かけ算の 答えを □に かきましょう。

1	2	3	4	5	6	7	8	9
1 | ○ | ○ | ○ | ○ | ○ | ○ | ○ | ○ | ○ |

① 1×1 = ☐　　② 1×2 = ☐

③ 1×3 = ☐　　④ 1×4 = ☐

⑤ 1×5 = ☐　　⑥ 1×6 = ☐

⑦ 1×7 = ☐　　⑧ 1×8 = ☐

⑨ 1×9 = ☐

かけ算九九 ⑳　1 のだん　名前

❀　1 のだんの　かけ算の　ひょうを　かんせい
させましょう。九九を　となえて、おぼえましょう。

1あたりの数	いくつ分	ぜんぶの数	しきと　答え	九 九 (となえ方)
			✕　＝	いんいちが　いち
			✕　＝	いんにが　に
			✕　＝	いんさんが　さん
			✕　＝	いんしが　し
			✕　＝	いんごが　ご
			✕　＝	いんろくが　ろく
			✕　＝	いんしちが　しち
			✕　＝	いんはちが　はち
			✕　＝	いんくが　く

🌸 つぎの　計算を　しましょう。

① $4 \times 5 =$

② $9 \times 5 =$

③ $6 \times 2 =$

④ $3 \times 3 =$

⑤ $5 \times 7 =$

⑥ $5 \times 6 =$

⑦ $2 \times 4 =$

⑧ $2 \times 8 =$

⑨ $6 \times 6 =$

⑩ $9 \times 9 =$

⑪ $7 \times 1 =$

⑫ $8 \times 8 =$

⑬ $5 \times 3 =$

⑭ $2 \times 3 =$

⑮ $3 \times 8 =$

⑯ $8 \times 5 =$

⑰ $2 \times 9 =$

⑱ $7 \times 5 =$

⑲ $4 \times 4 =$

⑳ $5 \times 4 =$

 つぎの 計算を しましょう。

① $2 \times 5 =$ ② $4 \times 8 =$

③ $1 \times 9 =$ ④ $7 \times 8 =$

⑤ $6 \times 4 =$ ⑥ $2 \times 7 =$

⑦ $8 \times 6 =$ ⑧ $3 \times 7 =$

⑨ $6 \times 9 =$ ⑩ $4 \times 7 =$

⑪ $9 \times 3 =$ ⑫ $8 \times 4 =$

⑬ $7 \times 9 =$ ⑭ $6 \times 3 =$

⑮ $5 \times 8 =$ ⑯ $4 \times 3 =$

⑰ $5 \times 5 =$ ⑱ $8 \times 3 =$

⑲ $4 \times 6 =$ ⑳ $3 \times 4 =$

かけ算九九 (31)

名前

🌸 つぎの 計算を しましょう。

① $1 \times 6 =$　② $4 \times 2 =$　③ $2 \times 2 =$

④ $6 \times 1 =$　⑤ $3 \times 2 =$　⑥ $8 \times 1 =$

⑦ $1 \times 7 =$　⑧ $5 \times 2 =$　⑨ $4 \times 3 =$

⑩ $6 \times 2 =$　⑪ $7 \times 1 =$　⑫ $9 \times 2 =$

⑬ $5 \times 3 =$　⑭ $9 \times 1 =$　⑮ $1 \times 8 =$

⑯ $3 \times 3 =$　⑰ $7 \times 6 =$　⑱ $2 \times 3 =$

⑲ $7 \times 8 =$　⑳ $1 \times 9 =$　㉑ $8 \times 6 =$

㉒ $6 \times 9 =$　㉓ $4 \times 4 =$　㉔ $7 \times 2 =$

㉕ $3 \times 4 =$　㉖ $7 \times 5 =$　㉗ $4 \times 8 =$

㉘ $2 \times 4 =$　㉙ $6 \times 3 =$　㉚ $4 \times 5 =$

㉛ $8 \times 2 =$　㉜ $6 \times 8 =$　㉝ $2 \times 5 =$

㉞ $5 \times 4 =$　㉟ $9 \times 8 =$　㊱ $3 \times 5 =$

かけ算九九 (32)

名前

つぎの　計算を　しましょう。

① $2 \times 6 =$　② $5 \times 5 =$　③ $6 \times 4 =$

④ $3 \times 6 =$　⑤ $2 \times 7 =$　⑥ $9 \times 4 =$

⑦ $4 \times 6 =$　⑧ $8 \times 9 =$　⑨ $3 \times 8 =$

⑩ $5 \times 6 =$　⑪ $6 \times 7 =$　⑫ $7 \times 4 =$

⑬ $3 \times 9 =$　⑭ $5 \times 7 =$　⑮ $6 \times 5 =$

⑯ $2 \times 8 =$　⑰ $8 \times 5 =$　⑱ $4 \times 7 =$

⑲ $7 \times 3 =$　⑳ $5 \times 8 =$　㉑ $8 \times 7 =$

㉒ $2 \times 9 =$　㉓ $9 \times 3 =$　㉔ $7 \times 7 =$

㉕ $5 \times 9 =$　㉖ $8 \times 8 =$　㉗ $7 \times 9 =$

㉘ $3 \times 7 =$　㉙ $9 \times 9 =$　㉚ $6 \times 6 =$

㉛ $9 \times 5 =$　㉜ $8 \times 3 =$　㉝ $4 \times 9 =$

㉞ $9 \times 7 =$　㉟ $8 \times 4 =$　㊱ $9 \times 6 =$

かけ算九九 (33)

名前

1 下の 考え方を 見て、つぎの かけ算の
答えを □ に かきましょう。

① 5 × 10 = □　　　② 6 × 11 = □

考え方

$5 × 7 = 35$ ⎫
　　　　　　 ⎬ 5
$5 × 8 = 40$ ⎭
　　　　　　 ⎬ 5
$5 × 9 = 45$
　　　　　　 ⎬ 5
$5 × 10 =$

考え方

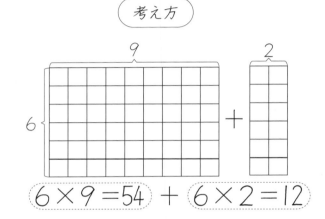

$6 × 9 = 54$ ＋ $6 × 2 = 12$

2 下の ひょうを かんせい させましょう。

×		かける数				
		8	9	10	11	12
か　け　ら　れ　る　数	4					
	5					
	6					
	7					

かけ算九九 ⑷ 名前

1 下の　考え方を　見て、つぎの　かけ算の
答えを　□に　かきましょう。

① 13×4 = □　　　② 12×3 = □

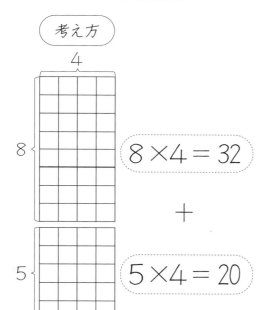

考え方

8×4 = 32

＋

5×4 = 20

考え方

12=10＋2

10×3 =30

＋

2×3=6

2 下の　ひょうを　かんせい　させましょう。

×		かけられる数				
		4	5	6	7	8
かける数	10					
	11					
	12					

1 つぎの 計算を しましょう。　　　　　（1つ5点）

① $7 \times 8 =$　　② $4 \times 6 =$　　③ $9 \times 4 =$

④ $6 \times 8 =$　　⑤ $8 \times 5 =$　　⑥ $5 \times 6 =$

⑦ $7 \times 5 =$　　⑧ $8 \times 8 =$　　⑨ $4 \times 7 =$

⑩ $9 \times 9 =$　　⑪ $6 \times 5 =$　　⑫ $5 \times 7 =$

2 ペットボトルの 水が 3本ずつ 4れつ 入っています。2本 つかいました。のこりは 何本に なりましたか。2つの しきを かいて 計算を しましょう。　　　　　（しき15点、答え15点）

しき

答え _____

3 2のだんの 答えと 3のだんの 答えを たすと 何のだんの 答えに なりますか。　　　　　（10点）

2のだん	2	4	6	8	10	12	14	16	18
3のだん	3	6	9	12	15	18	21	24	27
□ のだん	5	10	15	20	25	30	35	40	45

点

かけ算九九 まとめ ⑿ 名前

1 つぎの 計算を しましょう。 （1つ5点）

① $4 \times 4 =$　　② $7 \times 6 =$　　③ $8 \times 7 =$

④ $5 \times 4 =$　　⑤ $8 \times 4 =$　　⑥ $4 \times 5 =$

⑦ $6 \times 4 =$　　⑧ $7 \times 7 =$　　⑨ $9 \times 7 =$

⑩ $5 \times 5 =$　　⑪ $9 \times 6 =$　　⑫ $6 \times 7 =$

2 チョコレートが はこに 4こずつ 5れつ 入っています。はこの 外に 3こ あります。
チョコレートは、ぜんぶで 何こ ありますか。
2つの しきを かいて 計算を しましょう。

しき　　　　　　　　　　　　　（しき15点、答え15点）

答え ＿＿＿＿＿＿＿＿＿＿

3 7×12は いくつですか。 （10点）

$7 \times 9 = 63$

$7 \times 10 = 70$

$\vdots$

$7 \times 12 =$

答え ＿＿＿＿＿＿　　　　点

ひょうとグラフ ⑴

名前

❀　2年1組で、きゅう食の　しるもので、何が
すきか　しらべました。一人ずつ　カードを
こくばんに　はりました。

ビーフ シチュー	コーン スープ	ビーフ シチュー	クリーム シチュー	コーン スープ
コーン スープ	ぶたじる	クリーム シチュー	ビーフ シチュー	ぶたじる
クリーム シチュー	ぶたじる	たまご スープ	コーン スープ	ビーフ シチュー
ビーフ シチュー	コーン スープ	ビーフ シチュー	ビーフ シチュー	たまご スープ
コーン スープ	クリーム シチュー	ビーフ シチュー	ぶたじる	クリーム シチュー

上の　カードを　数えて、ひょうに　人数を
かきましょう。

すきなもの　　　　　　　2年1組

こんだて	ビーフ シチュー	コーン スープ	クリーム シチュー	ぶたじる	たまご スープ
正字					
人数 (人)					

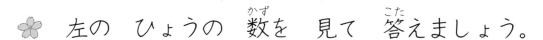

ひょうとグラフ (2)

名前

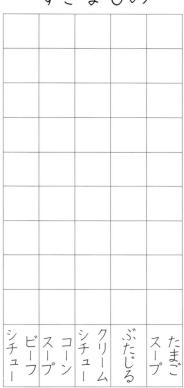

月　　日

✿ 左の　ひょうの　数を　見て　答えましょう。

① 右の　グラフに　○を
　　かいて　あらわしましょう。

すきなもの

ビーフシチュー	コーンスープ	クリームシチュー	ぶたじる	たまごスープ

② すきな　人が、いちばん
　　多いのは　何ですか。

　　（　　　　　　　　　　）

③ 2ばん目に　多いのは、
　　何ですか。

　　（　　　　　　　　　　）

④ コーンスープと、たまごスープでは　どちらが、
　　何人　多いですか。

　　（　　　　　　）スープが（　　　　　　）人多い

ひょうとグラフ（3）　名前

🌸　2年2組で、きのう　家に　帰って　はじめに
何を　したかを　カードに　かいて　こくばんに
はりました。

ゲーム	ならいごと	ゲーム	しゅくだい	公園で あそぶ
しゅくだい	ゲーム	ならいごと	ゲーム	ならいごと
ならいごと	ゲーム	手つだい	しゅくだい	テレビ
手つだい	しゅくだい	ゲーム	ならいごと	ゲーム
しゅくだい	テレビ	しゅくだい	テレビ	手つだい
手つだい	公園で あそぶ			

　　カードを　数えて　ひょうに　人数を
かきましょう。

　　　家に　帰って　はじめに　したこと　2年2組

したこと	ゲーム	しゅくだい	ならいごと	手つだい	テレビ	公園で あそぶ
正字						
人数 （人）						

ひょうとグラフ (4)

名前

🌸　左の　ひょうの　数を　見て　答えましょう。

① 右の　グラフに　○を
　かいて　あらわしましょ
　う。

家に　帰って
はじめに　したこと

② いちばん　多かった
　ことは　何ですか。

　（　　　　　　　　　）

③ テレビと　答えた人は
　何人ですか。

　（　　　　　　　　　）

ゲーム	しゅくだい	ならいごと	手つだい	テレビ	公園であそぶ

④ ２年２組は、みんなで　何人ですか。

　　　　　　　　　　　（　　　　　　）

................月......日✏

✿　2年1組で、きゅう食の　ごはんのうちで　何が
すきか　しらべて　ひょうに　しました。

すきな　ごはん　　　　　　　2年1組

こんだて	カレーライス	白ごはん	チャーハン	ビビンバ	わかめごはん
人数（人）	7	2	3	9	4

① すきな人が　いちばん　多い　ごはんは
何ですか。(20点)　　（　　　　　　　　　）

② カレーライスが　す
きな人は　何人です
か。　　　　　　(20点)

（　　　　　）

③ わかめごはんと　白
ごはんでは、どちらが
すきな人が　多いです
か。　　　　　　(20点)

（　　　　　）

④ 右の　グラフに
すきな人の　数だけ
○を　つけましょう。

(1つ8点/40点)

すきな　ごはん（2年1組）

カレーライス	白ごはん	チャーハン	ビビンバ	わかめごはん

点

............月......日

🌸 下の グラフを 見て 答えましょう。

休み時間に したこと

（2年3組）

てつぼう	ドッジボール	おにごっこ	どくしょ	一りん車	ジャングルジム

① 何に ついて しらべた グラフ ですか。　（20点）

（　　　　　　　）

② しらべたのは、何 年何組ですか。（10点）

（　　　　　　　）

③ した人が 多い じゅんに 3つ かきましょう。

（1つ20点/60点）

1ばん（　　　　　　　　）

2ばん（　　　　　　　　）

3ばん（　　　　　　　　）

④ この グラフを 見て わかることを かきま しょう。　（10点）

（　　　　　　　　　　　　　　　　　）

点

長　さ (1)　名前

── 長さの　たんい① ──

　ものの　長さを　せかいじゅうの　だれが　はかっても　同じに　なるように　長さの　たんいを　きめました。

　── 左の　線の　長さを　１センチメートルと　いって、１cmと　かきます。

１ cm（センチメートル）の　かき方を　れんしゅうしましょう。

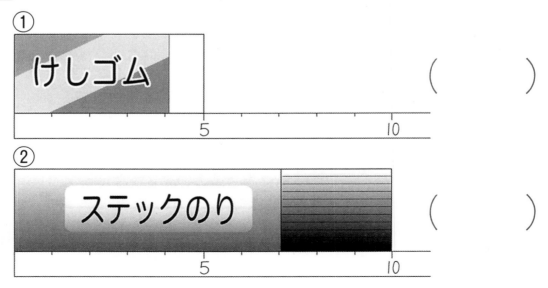

cm　c → c m → c m → c m → c m

cm cm cm cm cm cm cm cm

２　つぎの　ものの　長さは、何cmですか。

① けしゴム
　　　　5　　　　10
（　　　）

② ステックのり
　　　　5　　　　10
（　　　）

長　さ ⑵

名前

1 長さを　はかるとき、ものさしを　つかいます。
どの　はかり方が　よいですか。ばんごうを
（　）に　かきましょう。

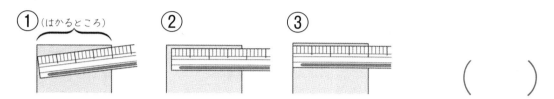

① (はかるところ)　　② 　　③

（　　　）

2 線の　長さは　何cm　ですか。

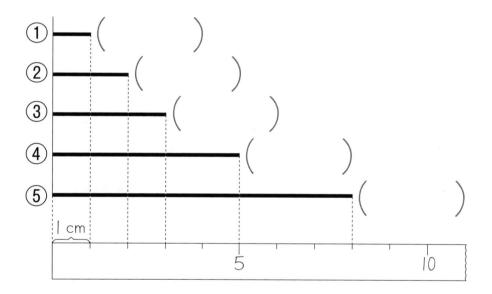

① （　　　　）
② （　　　　）
③ （　　　　）
④ （　　　　）
⑤ （　　　　）

3 つぎの　線の　長さは、何cmと　何cmの
間ですか。

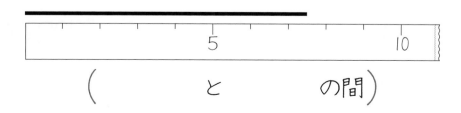

（　　　　と　　　　の間）

長　さ (3)

名前

1　ものさしの　いちばん　小さい　めもりは、
1cmを　いくつに　分_わけていますか。

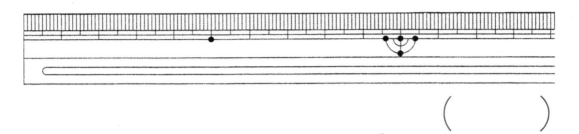

（　　　　　）

長さの　たんい②

　1cmを　同_{おな}じ　長_{なが}さに、10に　分けた　1こ
分_{ぶん}の　長さを　1ミリメートルと　いい、1mm
と　かきます。

10mm = 1cm

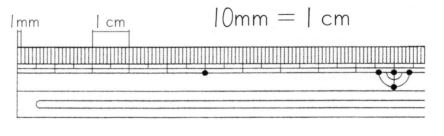

2　mm（ミリメートル）の　かき方_{かた}を　れんしゅう
しましょう。

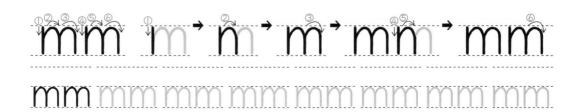

❀　つぎの　ものは　何mm ですか。

① （　　　　mm ）

② （　　　　mm ）

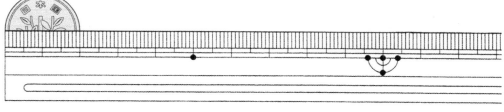

③ （　　　　mm ）

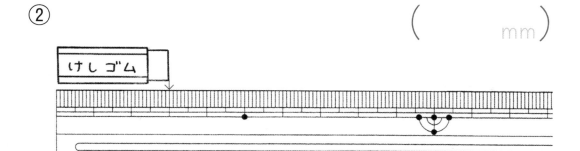

④ （　　　　mm ）

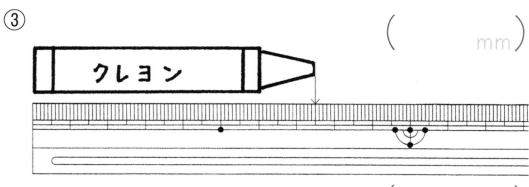

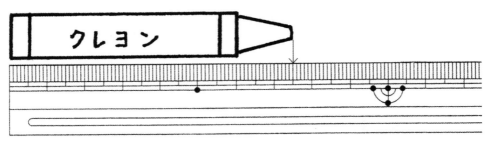

75mm を　7cm 5mm とも　いいます。

1 何 cm 何 mm ですか。

① 　　　　　　　　　　　②

（　　　　　　　）　　　（　　　　　　　　）

③ 　　　　　　　　　　④

（　　　　　　　）　　　（　　　　　　　　）

2 つぎの　線は、何 cm 何 mm ですか。ものさしで
はかりましょう。

① ────────────　　（　　　　　　　）

② ──────────　　　（　　　　　　　）

③ ────────────────（　　　　　　　）

1 線の 長さを はかりましょう。

① ←——————————→   ① （　　　　　）

② ＞————————————＜   ② （　　　　　）

③   ③ （　　　　　）

④   ④ （　　　　　）

⑤   ⑤ （　　　　　）

2 つぎの 長さの 直線を かきましょう。

10cm   •

8cm 2mm   •

9cm 5mm   •

6cm 3mm   •

7cm 4mm   •

5cm 7mm   •

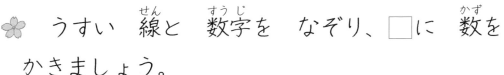

❀ うすい 線と 数字を なぞり、□に 数を
かきましょう。

① 3cm = □ mm

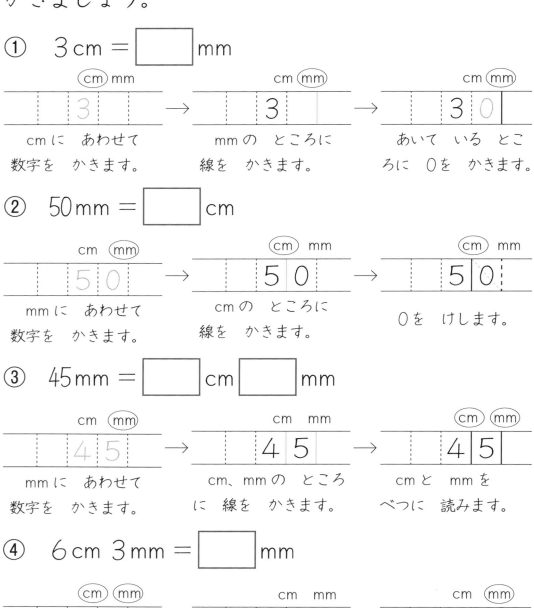

cm に あわせて
数字を かきます。

mm の ところに
線を かきます。

あいて いる とこ
ろに 0を かきます。

② 50mm = □ cm

mm に あわせて
数字を かきます。

cm の ところに
線を かきます。

0を けします。

③ 45mm = □ cm □ mm

mm に あわせて
数字を かきます。

cm、mm の ところ
に 線を かきます。

cm と mm を
べつに 読みます。

④ 6cm 3mm = □ mm

cm、mm に あわせ
て 数字を かきます。

mm の ところに
線を かきます。

1 たんいを かえましょう。

① 5cm = [　　] mm

② 7cm = [　　] mm

③ 80mm = [　] cm

④ 90mm = [　] cm

⑤ 63mm = [　] cm [　] mm

⑥ 87mm = [　] cm [　] mm

2 □に あてはまる 数を かきましょう。

① 6cm = [　　] mm

② 70mm = [　] cm

③ 59mm = [　] cm [　] mm

④ 72mm = [　] cm [　] mm

⑤ 8cm 1mm = [　　] mm

⑥ 9cm 4mm = [　　] mm

3 長さの 計算を しましょう。

① 10cm 4mm ＋ 3mm ＝

② 8cm 9mm － 5mm ＝

長い長さ (1)　名前

つばさくんの　しん長は、125cm でした。

長さの　たんい③

　長い　ものを　はかるときは、mm や　cm の
たんいでは、ふべんなので、もっと　大きな
たんいを　つかいます。1センチメートルを
100こ　あつめた　長さを　1メートルと　いい、
1m と　かきます。　100cm ＝ 1m

つばさくんの　しん長は、1m と　25cm なので、
1m25cm とも　いいます。

$$125cm ＝ 1m25cm$$

1 m（メートル）の　かき方を　れんしゅうしましょ
う。

m m m m 1m ＝ 100cm

2 あてはまる　たんいを（　）に　かきましょう。

① プールの　よこの　長さは、10（　　）です。

② プールの　たての　長さは、25（　　）です。

③ 体いくの　時間に　50（　　）走を　しました。

長い長さ (2)

名前

1　花だんに、30cm　ごとに　花の　なえを　うえました。花だんの　よこの　長さは　何m何cmですか。また、何cmでしょう。

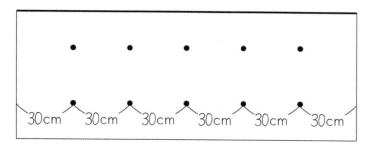

答え　　　　　m　　　　　cm,　　　　　cm

2　どうぶつえんで、どうぶつの　頭から　しっぽまでの　長さを　はかったら、下の　線のように　なりました。長さは　何m何cmですか。（小さい　めもりは　10cm）

① パンダ　(　　　　　　　　)

② ゾウ　(　　　　　　　　)

③ シロクマ　(　　　　　　　　)

④ カバ　(　　　　　　　　)

長い長さ (3)

🌸 うすい　線と　数字を　なぞり、□に　数を
かきましょう。

① 5m = □ cm

mに　あわせて
数字を　かきます。

cmの　ところに
線を　かきます。

あいている　ところに
0を　2つ　かきます。

② 600 cm = □ m

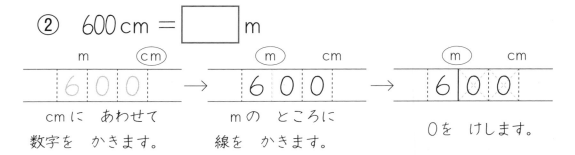

cmに　あわせて
数字を　かきます。

mの　ところに
線を　かきます。

0を　けします。

③ 412 cm = □ m □ cm

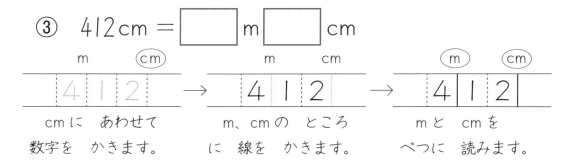

cmに　あわせて
数字を　かきます。

m、cmの　ところ
に　線を　かきます。

mと　cmを
べつに　読みます。

④ 3m50cm = □ cm

m、cmに　あわせて
数字を　かきます。

cmの　ところに
線を　かきます。

名前

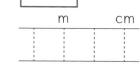

月　　日

1 たんいを　かえましょう。

① 6m = □ cm

② 3m = □ cm

③ 800cm = □ m

④ 500cm = □ m

⑤ 716cm = □ m □ cm

⑥ 3m 4cm = □ cm

2 □に　あてはまる　数を　かきましょう。

① 2m = □ cm

② 300cm = □ m

③ 246cm = □ m □ cm

④ 507cm = □ m □ cm

⑤ 5m41cm = □ cm

⑥ 7m 5cm = □ cm

3 長さの　計算を　しましょう。

① 1m30cm ＋ 4m =

② 3m80cm － 40cm =

長さ まとめ ⒂　名前

1 ものさしの 左はしからの 長^{なが}さは 何cm何mm ですか。

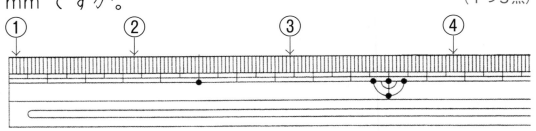

① (　　　　　　　)　② (　　　　　　　)

③ (　　　　　　　)　④ (　　　　　　　)

2 たんいを よく見て □ に あてはまる 数^{かず}を かきましょう。

（1つ8点）

① 2cm = □ mm　　② 40mm = □ cm

③ 5cm 3mm = □ mm

④ 67mm = □ cm □ mm

⑤ 1m = □ cm　　⑥ 200cm = □ m

⑦ 230cm = □ m □ cm

⑧ 507cm = □ m □ cm

⑨ 3m50cm = □ cm

⑩ 4m 3cm = □ cm

点

月　　日

1 長さの 計算を しましょう。　　　　　(1つ10点)

① 3cm2mm＋2cm＝

② 4cm7mm－5mm＝

③ 1m－80cm＝

④ 5m60cm＋25cm＝

⑤ 8m13cm－5m＝

2 つぎの （　）に あてはまる 長さの たんい
を かきましょう。
　　　　　　　　　　　　　　　　　(1つ10点)

① 学校の 校しゃの 高さは、16（　　）です。

② なぎささんの しん長は、128（　　）です。

③ ロッカーの 高さを はかったら 1（　　）
　5（　　）でした。

④ えんぴつの 太さは、7（　　）です。

⑤ ボールペンの 長さは、
　13（　　）9（　　）です。

点

三角形と四角形 (1)　名前

1　3つの　点ア、イ、ウを、直線で　つなぎましょう。

ア

イ・　　　　　　　・ウ

・三角形・
3本の　直線で　かこまれた　形を、三角形と　いいます。

2　4つの　点ア、イ、ウ、エを、じゅんに　4本の　直線で　つなぎましょう。

ア

・エ

イ・　　　　　　　・ウ

・四角形・
4本の　直線で　かこまれた　形を、四角形と　いいます。

3　三角形・四角形には、かどは　何こ　ありますか。

三角形（　　　　　）　　　　四角形（　　　　　）

三角形や　四角形で、まわりの　直線を　へん、かどの　点を　ちょう点と　いいます。

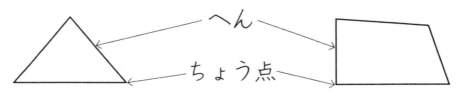

三角形と四角形 (2)

名前

🌸 下の 図を 見て 答えましょう。

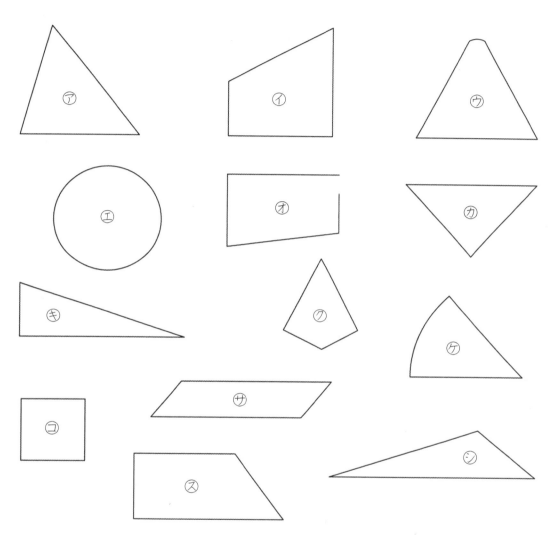

① 三角形の きごうを かきましょう。

答え _____

② 四角形の きごうを かきましょう。

答え _____

…………月………日

1 右の 四角形に 直線
を 1本 ひいて、2つ
の 三角形を 作りま
しょう。

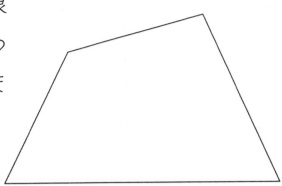

2 右の 四角形に 直線
を 1本 ひいて、2つ
の 四角形を 作りま
しょう。

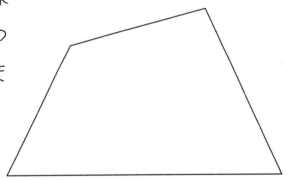

3 右の 四角形に 直線
を 1本 ひいて、三角
形と 四角形を 作りま
しょう。

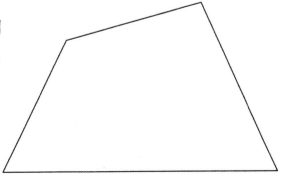

三角形と四角形 (4)

名前

🌸　点と　点を　つないで、いろいろな　三角形や
四角形を　かきましょう。

紙を　おって、直角を　作りましょう。

① 紙を2つにおる。　② また2つにおる。　③ でき上がり。

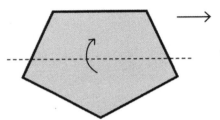 → 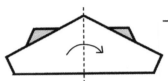 →

下の線が、ぴったり
かさなるようにおる。

直角

1　三角じょうぎの　直角の　かどに　○を　つけましょう。

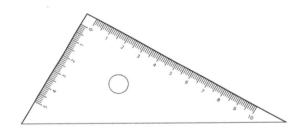　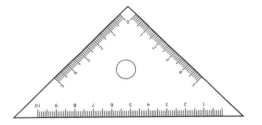

2　三角じょうぎを　つかって、直角に　なっている　ところに　○を　しましょう。

① 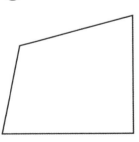　② 　③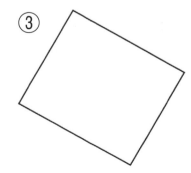

月　　日

4つの　角が　みんな　直角
に　なって　いる　四角形を
長方形（ちょうほうけい）と　いいます。

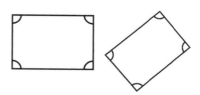

1 長方形は　どれですか。きごうを　かきましょう。

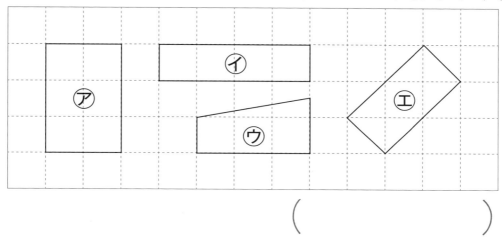

（　　　　　　　　　　　）

2 長方形の　紙を、下の　図（ず）のように　おって、む
かいあって　いる　へんの　長（なが）さを　くらべます。
□に　あてはまる　ことばを　かきましょう。

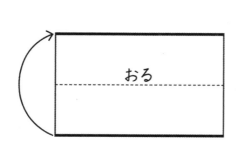

おる

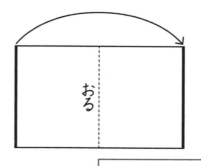

おる

長方形の　むかいあって　いる　□　の
長さは　同（おな）じです。

1 おり紙を　図のように　おって、へんの　長さを
くらべます。□に　あてはまる　ことばを　かき
ましょう。

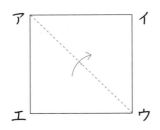

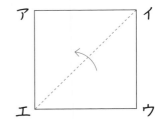

・ちょう点イとエをあわせる。　・ちょう点アとウをあわせる。

4つの　角が　みんな　直角で、

4つの　□の　長さが　み
んな　同じ　四角形を　正方形と
いいます。

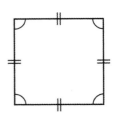

2 正方形は　どれですか。きごうを　かきましょう。

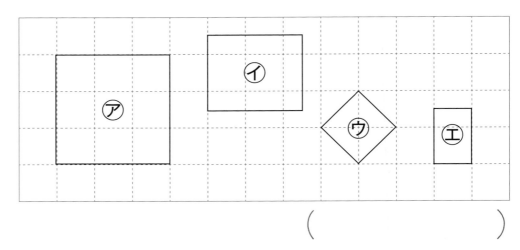

（　　　　　　　　）

１　長方形や　正方形に　線を　ひいて、２つの三角形を　作りました。できた　三角形の　かどが　直角の　ところに　〇を　つけましょう。

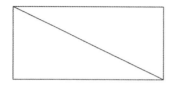

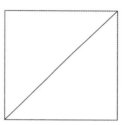

　　直角の　角の　ある三角形を　**直角三角形**と　いいます。

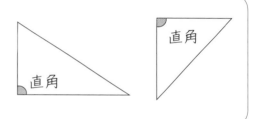

２　直角三角形は、どれですか。きごうを　かきましょう。

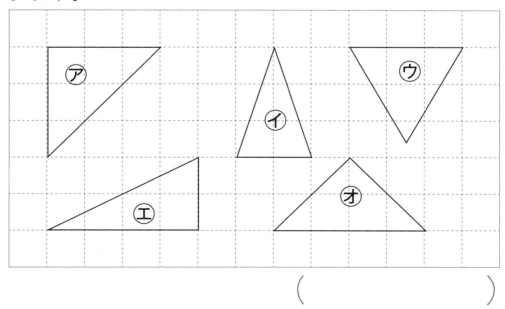

（　　　　　　）

✿ 方がん紙に つぎの 図を かきましょう。

① たて4cm、よこ5cmの 長方形。

② 1つの へんの 長さが 4cmの 正方形。

③ 直角になる へんの 長さが 3cmと 5cm
の 直角三角形。

1 ◣を　しきつめました。（むきは　いろいろです。）
この図の　2だん目と　4だん目を　右へ
1つ分　ずらした　図を　下に　かきましょう。

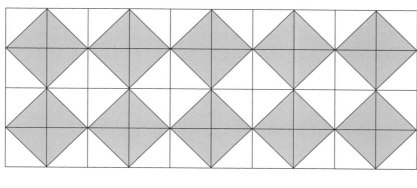

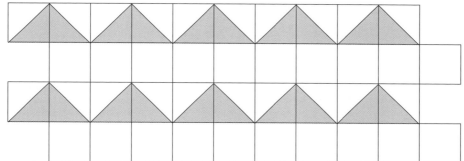

2 ⬜を　しきつめました。半分　ずらしました。

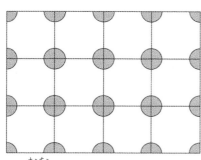 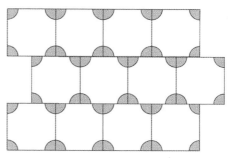

同じ　もようの　正方形を　たくさん　作って、
しきつめて　みましょう。

三角形と四角形 まとめ ⒄ 名前

1 □に あてはまる 数を かきましょう。　（□1つ5点）

① 三角形は、へんが □本、ちょう点が □こ
あります。

② 四角形は、へんが □本、ちょう点が □こ
あります。

2 （　）に 形の 名前を かきましょう。

（（　）1つ20点）

① かどが みんな 直角の 四角形を
（　　　　　　　　　）と いいます。

② かどが みんな 直角で、へんの 長さが みん
な 同じ 四角形を（　　　　　　　）と いいます。

③ 直角の かどのある 三角形を
（　　　　　　　　　）と いいます。

3 つぎの ばしょの 名前を（　）に かきましょう。

（（　）1つ10点）

① （　　　　　　　　　）

② （　　　　　　　　　）

点

三角形と四角形 まとめ (18) 名前

1 図を、長方形、正方形、直角三角形に、分けて、
（　）に きごうを かきましょう。　　　(1つ10点)

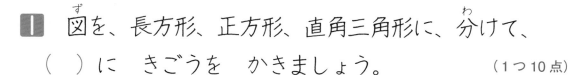

① 長方形 （　　　　　）　② 正方形 （　　　　　　）

③ 直角三角形 （　　　　　）

2 つぎの （　）の 長さは、何 cm ですか。　(1つ10点)

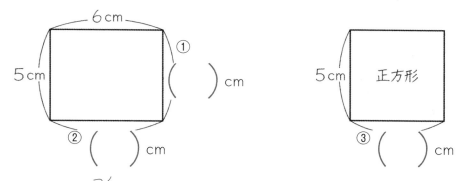

3 直角を 作る へんの 長さが 3cm と 6cm
の 直角三角形を かきましょう。

(20点)

点

はこの形 (1) 名前

1 はこの めんの 形を、紙に うつしとりました。

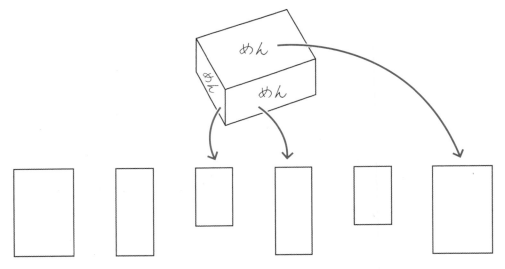

① うつしとった めんの 形は 何ですか。

（　　　　　　　）

② めんは 何こ ありますか。（　　　　　　　）

③ 同じ 大きさの めんは 何こずつ あります
か。（　　　　　ずつ）

2 図の ⑦、⑦、⑦の めんと めんの さかいに
なっている ところを へんと いいます。
　はこには、へんは 何本 ありますか。

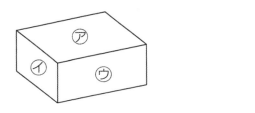

（　　　　　）

はこの形 (2)

名前

1 はこの　形で、㋐のように、3つの　へんが　あつまっている　ところを　ちょう点と　いいます。はこの　形には、ちょう点は　何こ　ありますか。　　（　　　　）

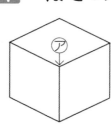

2 竹ひごと　ねん土玉で、はこのような　形を　作りました。

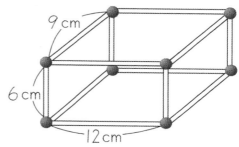

① つぎの　長さの　竹ひごを、何本ずつ　つかって　いますか。

㋐　6cmの　竹ひご　（　　　　）本

㋑　9cmの　竹ひご　（　　　　）本

㋒　12cmの　竹ひご　（　　　　）本

② ねん土玉は　何こ　つかって　いますか。

（　　　　）

3 右のような　形を　作りました。6cmの　竹ひごは　何本　つかって　いますか。

（　　　　）

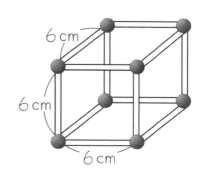

はこの形 (3)

名前

1 紙を つないで、はこを 作りました。できた
はこの へんの 長さを、かきましょう。

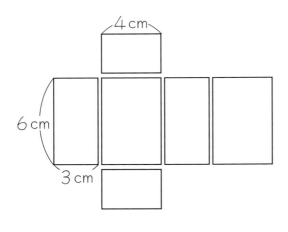

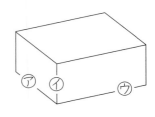

⑦ (　　　　　　)

⑦ (　　　　　　)

⑦ (　　　　　　)

2 ①と ②の 図を 組み立てると、右の
どちらの はこに なりますか。

①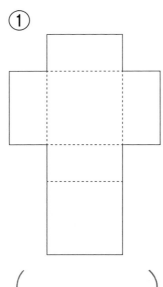

②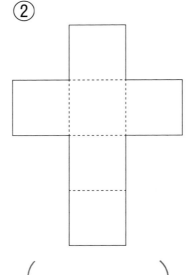

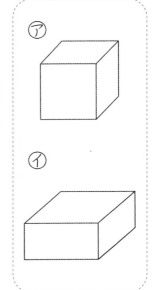

(　　　　) (　　　　)

はこの形 (4)

名前

1 はこを　作ろうと　思います。下のように　かきましたが、数えると　めんが　5つしか　ありません。あと　1つの　めんを、じょうぎを　つかって　かきましょう。

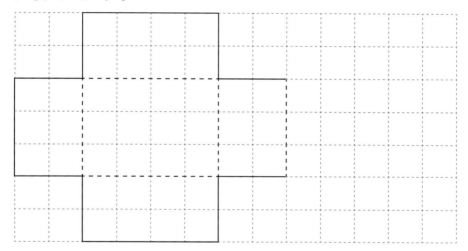

2 図のような　はこを、作ろうと　思い、6つの　めんを　作りました。しかし、うまく　できませんでした。どうしたら、きちんとした　はこが　できるでしょう。

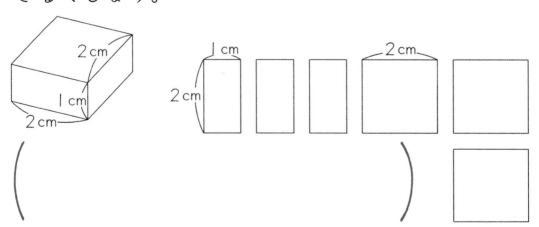

時こくと時間 (1)　　名前

🌸 図を　見て　答えましょう。

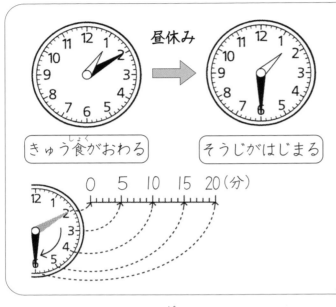

昼休み

きゅう食がおわる　　　　そうじがはじまる

0　5　10　15　20（分）

1分間

時計の長いはりが、
1めもり進む時間を
1分間といいます。
1分ともいいます。

① つぎの　時こくを　かきましょう。

　⑦　きゅう食が　おわる　時こく

　　　　　　　　（　　　　　　　　　）

　⑦　そうじが　はじまる　時こく

　　　　　　　　（　　　　　　　　　）

② 昼休みの　時間は、何分間ですか。

　　　　　　　　（　　　　　　　　　）

③ 長い　はりは、昼休みの　間に　何めもり
うごきますか。

　　　　　　　　（　　　　　めもり）

時こくと時間 (2)

名前

つぎの　時間は、何分間ですか。

① 　1時間めの　はじ
　　まりの　時こく　　　　1時間めの
　　　　　　　　　　　　おわりの　時こく

・1時間めの
　べん強(きょう)の
　時間

（　　　　分間）

② 　1時間めの
　　おわりの　時こく　　　2時間めの　はじ
　　　　　　　　　　　　まりの　時こく

・休み時間

（　　　　分間）

③ 　2時間めの
　　おわりの　時こく　　　3時間めの　はじ
　　　　　　　　　　　　まりの　時こく

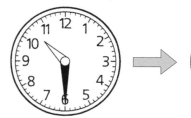 

・休み時間

（　　　　分間）

④ 　そうじが
　　はじまる　時こく　　　そうじが
　　　　　　　　　　　　おわる　時こく

・そうじの時間

（　　　　分間）

時こくと時間 (3)

１ ３時から　４時の　間に、長い　はりが　１まわり　しました。時間は　何分間ですか。

３時　　　　　　　　４時

（　　　　　分間）

時計の　長いはりが　１まわりする　時間は、１時間です

１時間＝60分間 （※60分間のことを60分ともいいます。）

---

２ 左の　時計の　時こくから　右の　時計の　時こくまで　何時間　たちましたか。

① 　　　　　　　　　　　　　　　　（　　　　　時間）

② 　　　　　　　　　　　　　　　　（　　　　　時間）

③ 　　　　　　　　　　　　　　　　（　　　　　時間）

時こくと時間 (4)

名前

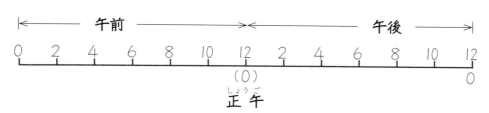

昼の 12時までを **午前**、夜の 12時までを **午後**と いいます。

午前は 12時間、午後は 12時間 あります。
時計の みじかい はりが 1まわりする 時間
は、12時間です。　　　**1日＝24時間**

🌸 つぎの 時計が さして いる 時こくを、午前
か 午後を 入れて、かきましょう。

① 朝のどくしょのはじまり

(　　　　　　　　)

② 1時間めのはじまり

(　　　　　　　　)

③ 5時間めのはじまり

(　　　　　　　　)

④ 家についた時こく

(　　　　　　　　)

時こくと時間 (5)

名前

１　今、午前 10 時 10 分です。20 分　たつと、何時何分ですか。

20分後

しき　10 時 10 分＋20 分＝ 10 時 30 分

答え

２　学校を　午前8時50分に　出て、1時間50分後に　遠足の　目てき地に　つきました。ついたのは、何時何分ですか。

しき

答え

３　午前9時に　家を　出て　ドライブに　行きました。5時間後に　家に　つきました。家に　ついた時こくは、何時ですか。

答え

1 今、午前9時50分です。30分前は、何時何分ですか。

30分前

しき　9時50分 − 30分 ＝ 9時20分

答え

2 60分間　さん歩に　行きました。帰ってきたのは午後5時50分でした。出かけたのは、何時何分ですか。

しき

答え

3 おじいちゃんが、いなかから　出てきて、家に午後2時に　つきました。来るのに　3時間　かかったそうです。おじいちゃんが　自分の　家を出た　時こくは　何時ですか。

答え

月　　日

1 □に　あてはまる　ことばや　数を　かきましょう。

（□1つ10点）

① 1時間は □ 分です。

② 1日は □ 時間で、□ が　12時間、

午後が □ 時間です。

③ 昼の　12時のことを □ と　いいます。

2 つぎの　時こくを　かきましょう。

（1つ10点）

① 午前7時………… 2時間後 （　　　　　　　）

② 午前10時………… 2時間前 （　　　　　　　）

③ 正午…………… 3時間後 （　　　　　　　）

④ 午後3時………… 2時間前 （　　　　　　　）

⑤ 午後1時………… 4時間前 （　　　　　　　）

点

時こくと時間 まとめ ⑳　名前

１ はりの　ある　時計について　答えましょう。

（1つ10点）

① 長い　はりは　5分間に　　□　　めもり　うごきます。

② 長い　はりは、1まわりすると　□　　時間です。

③ みじかい　はりは、1時間で　□　めもり　うごきます。

④ みじかい　はりは、1日に　□　回　まわります。

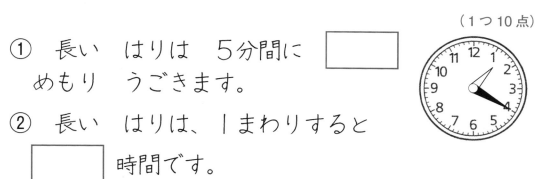

２ つぎの　時間と　時こくを　もとめましょう。（1つ10点）

① 午前9時から　午前11時まで（　　　　　　　）

② 午後1時50分から　午後2時まで（　　　　　　　）

③ 午前11時から　午後2時まで（　　　　　　　）

④ 午前10時から　1時間30分前の　時こく
（　　　　　　　）

⑤ 午後2時30分から　2時間30分後の　時こく
（　　　　　　　）

⑥ 午前11時から　4時間後の　時こく
（　　　　　　　）

□　点

水のかさ (1)

月　日

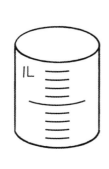

　バケツに　入る　水の　かさを
はかるときには、１リットルますを
つかいます。
　１リットルは、１Ｌと　かきます。
　リットルは、せかい中で　つかって
いる　かさの　たんいです。

１ Ｌの　かき方を　れんしゅうしましょう。

２ １Ｌますで　はかりました。何Ｌですか。

①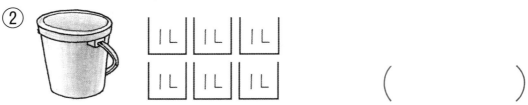

（　　　　　）

②

（　　　　　）

③

（　　　　　）

お茶の　りょうを　はかりました。はかれない
ので、1L を 10 こに　分けた　1つ分の
1 デシリットル　と
いう　たんいで
はかりました。1 dL
と　かきます。

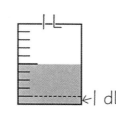

ペットボトルの　お茶は　5つ目の　めもりま
でなので、5dL です。

1 dL の　かき方を　れんしゅうしましょう。

dL dL dL dL d

2 1L ますに、1dL ますで　水が　何ばい　入るか
しらべました。1L は、何 dL ですか。

1L ＝ [　　　] dL

3 かさは、何 L 何 dL ですか。

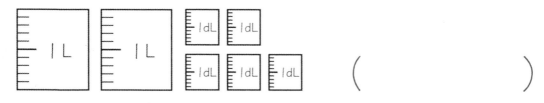

（　　　　　　）

水のかさ (3)　名前

1　1L 5dL の　ペットボトルと　4dL の　ペットボトルに　入った　オレンジジュースが　あります。

①　あわせると　いくらに　なりますか。

しき

答え _____

②　ちがいは、どれだけですか。

しき

答え _____

2　つぎの　計算を　しましょう。

①　　3L 7dL
　　＋2L 5dL

②　　6L 4dL
　　－3L 7dL

③ 3L ＋ 1L 5dL ＝

④ 2L 8dL ＋ 3dL ＝

⑤ 6L 5dL － 4L ＝

⑥ 2L 4dL － 1L 8dL ＝

かんジュースの　かさを　はかったら、
3dL と　半分に、なりました。

 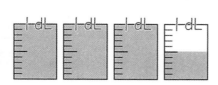

かんに 350mL と
かいてありました。
350 ミリリットル
と読みます。

ミリリットル (mL) は、かさの　たんいです。

1 mL の　かき方を　れんしゅうしましょう。

↓mL　mL　mL　mL　m

2 パックの　牛にゅう (1000mL) を、1L ますに
入れると、ちょうど　1ぱいに　なりました。
　　1L は　何 mL ですか。

 ＝ 〔 1L 〕

1L ＝ [　　　　　　] mL

3 びん入りの　牛にゅう (200mL) を、1dL ますに
2つ　入れました。1dL は　何 mL ですか。

 ＝ 〔1dL〕〔1dL〕

1dL ＝ [　　　　　　] mL

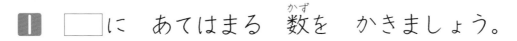

■1　□に あてはまる 数を かきましょう。

① 1L = [　　] dL　　② 1L = [　　] mL

③ 1dL = [　　] mL　　④ 3L = [　　] dL

⑤ 2L = [　　] mL　　⑥ 4dL = [　　] mL

⑦ 200mL = [　] dL　　⑧ 3000mL = [　] L

2　□に あてはまる 数を かきましょう。

① 500mL は [　　] dL です。

② 1dL ます 3ばいと、1mL 30ぱいの 水の

かさは、[　　] dL [　　] mL です。

③ 1L ます 1ぱいと 1dL ます 5はいの

水の かさは、[　　] mL です。

④ 1dL ます 5はいの 水の かさは

[　　] mL です。

🌸 つぎの 計算を しましょう。

① 30 mL ＋ 85 mL ＝

② 70 mL － 20 mL ＝

③ 2 dL ＋ 8 dL ＝

④ 8 dL － 3 dL ＝

⑤ 1 dL － 60 mL ＝

⑥ 2 dL － 130 mL ＝

⑦ 2 dL 25 mL ＋ 3 dL 55 mL ＝

⑧ 6 dL 40 mL － 4 dL 30 mL ＝

⑨ 2 L 2 dL ＋ 3 L 1 dL ＝

⑩ 4 L 5 dL － 1 L 3 dL ＝

水のかさ まとめ (21)

名前

1 水の かさは いくらですか。　　　　（1つ10点）

①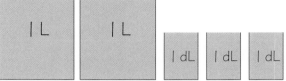

　| 1 L | 1 L | 1 dL | 1 dL | 1 dL |

_____

② | 1 dL | 1 dL | 10mL | 10mL | 10mL | 10mL |

_____

2 □に あてはまる 数を かきましょう。

（1つ10点）

① 1 dLが 10こ分で □ L です。

② 1 L = □ mL です。

③ 1 dL = □ mL です。

④ 2L = □ dL です。

⑤ 3000mL = □ L です。

⑥ 700mL = □ dL です。

⑦ 4L = □ mL です。

⑧ 5dL = □ mL です。

点

月 日

1 つぎの 計算を しましょう。 （1つ10点）

① 3L 4dL ＋ 6dL ＝

② 5L ＋ 2L 3dL ＝

③ 1L 5dL ＋ 2L 6dL ＝

④ 3L 7dL － 1L 3dL ＝

⑤ 5L － 3L 2dL ＝

⑥ 2dL － 50mL ＝

⑦ 3dL － 220mL ＝

2 （ ）に かさの たんいを かきましょう。

（1つ10点）

① ペットボトルに 入った お茶 1000 （ ）

② バケツの 水の かさ 5 （ ）

③ 水とうの 水の かさ 3 （ ）

点

かんたんな分数 (1)　名前

おり紙を　同じ　大きさに　きり分けました。

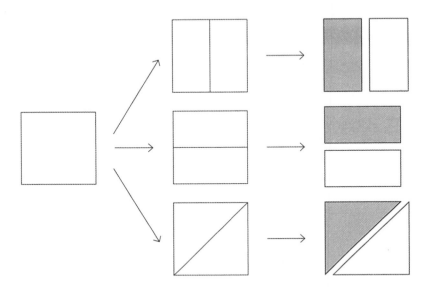

同じ　大きさに　２つに　分けた　１つ分の
大きさを　もとの　大きさの　**二分の一**と　いい、
$\dfrac{1}{2}$と　かきます。

$\dfrac{1}{2}$ ③
① かきじゅん
②

🌸 $\dfrac{1}{2}$の　大きさに　色を　ぬりましょう。

① ② ③

④ ⑤

おり紙を　もう一ど　おって　小さく　しました。

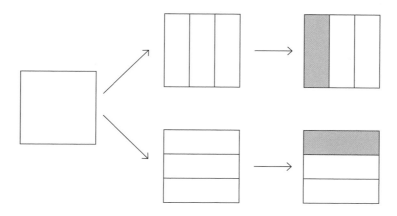

同じ　大きさに　３つに　分けた　１つ分の
大きさを　もとの　大きさの　<ruby>三分<rt>さんぶん</rt></ruby>の<ruby>一<rt>いち</rt></ruby>と　いい、
$\frac{1}{3}$と　かきます。

$\frac{1}{2}$や$\frac{1}{3}$のような　<ruby>数<rt>かず</rt></ruby>を　<ruby>分数<rt>ぶんすう</rt></ruby>と　いいます。

❀ $\frac{1}{3}$の　大きさに　色を　ぬりましょう。

①

②

③

図をつかって (1)　　名前

1　2年生は　1組と　2組が　あります。1組は
27人　2組は　28人です。2年生は　ぜんぶで
何人ですか。

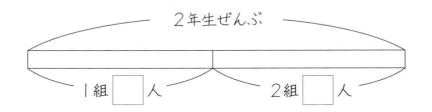

しき

答え _____

2　ももが　12こ　あります。何こか　買ってきたの
で　ぜんぶで　30こに　なりました。買ってきたの
は　何こですか。

しき

答え _____

図をつかって (2)

名前

1 色紙が　45まい　ありました。

何まいか　つかったので　のこりが　27まいに
なりました。何まい　つかいましたか。

しき

答え _____

2 りんごが、何こか　ありました。24こ
くばったので、のこりが　13こに　なりました。
りんごは　はじめ　何こ　ありましたか。

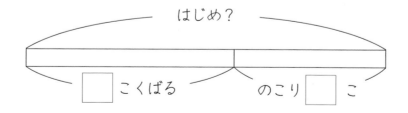

しき

答え _____

図をつかって (3)

名前

1 赤い　色紙は　28まい、青い　色紙は　32まい
あります。青い　色紙は、赤い　色紙より　何まい
多いですか。

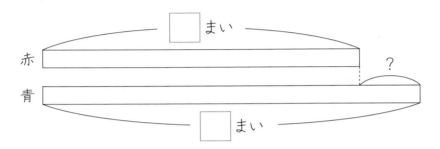

しき

答え _____

2 わたしは　どんぐりを　23こ　ひろいました。
兄は　わたしより　11こ　多く　ひろいました。
兄は　どんぐりを　何こ　ひろいましたか。

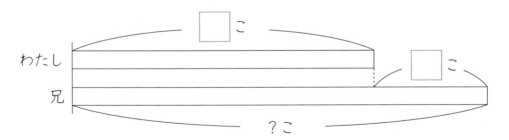

しき

答え _____

月　　日

1　わたしは、絵カードを　32まい　もっています。

こうじさんは、わたしより　6まい　少ない

そうです。こうじさんは　絵カードを　何まい

もっていますか。

```
                    □ まい
わたし  ┌─────────────────┐
こうじ  ├────────────┤ □ まい
        └────────────┘   少ない
```

しき

答え _____

2　みんなで　しゃしんを　とりました。6きゃくの

いすに　1人ずつ　すわり、そのうしろに　12人が

立ちました。みんなで　何人ですか。

```
いすにすわる
    □ 人
  ┌──────┐
  │      │        立った人 □
  └──────┴──────────────┐
  └────────────────────┘
         みんな？
```

しき

答え _____

答え

〔P. 3〕
① 35 + 34
④ 35 + 34 = 69   69人

〔P. 4〕
① 56   ② 78   ③ 57
④ 57   ⑤ 78   ⑥ 77
⑦ 68   ⑧ 79   ⑨ 69
⑩ 76   ⑪ 87   ⑫ 95

〔P. 5〕
① 39   ② 48   ③ 66
④ 79   ⑤ 89   ⑥ 98

〔P. 6〕
① 28   ② 58   ③ 68
④ 98   ⑤ 88   ⑥ 77

〔P. 7〕
① 82   ② 64   ③ 73
④ 45   ⑤ 41   ⑥ 71

〔P. 8〕
① 62   ② 23   ③ 41
④ 91   ⑤ 80   ⑥ 84
⑦ 81   ⑧ 90   ⑨ 91
⑩ 82   ⑪ 85   ⑫ 73

〔P. 9〕
① 41   ② 42   ③ 58
④ 60   ⑤ 70   ⑥ 65
⑦ 83   ⑧ 90   ⑨ 72
⑩ 80   ⑪ 60   ⑫ 77

〔P. 10〕
1 ① 75   ② 27   ③ 82
   ④ 50   ⑤ 83   ⑥ 73
   ⑦ 81   ⑧ 90   ⑨ 76
2 37 + 25 = 62   62まい

〔P. 11〕
1 ① 66   ② 64   ③ 66
   ④ 52   ⑤ 71   ⑥ 80
   ⑦ 65   ⑧ 80   ⑨ 92
2 23 + 19 = 42   42本

〔P. 12〕
1 ① 69 − 32
   ③ 69 − 32 = 37   37人
2 ① 12   ② 23   ③ 12

〔P. 13〕
① 21   ② 50   ③ 21
④ 43   ⑤ 34   ⑥ 32
⑦ 11   ⑧ 42   ⑨ 34
⑩ 23   ⑪ 51   ⑫ 66

〔P. 14〕
① 31   ② 42   ③ 54
④ 61   ⑤ 73   ⑥ 84
⑦ 2   ⑧ 2   ⑨ 6
⑩ 3   ⑪ 3   ⑫ 2

〔P. 15〕
① 16   ② 22   ③ 37
④ 28   ⑤ 33   ⑥ 41

〔P. 16〕
① 24   ② 18   ③ 31
④ 17   ⑤ 28   ⑥ 35
⑦ 45   ⑧ 17   ⑨ 37
⑩ 6   ⑪ 9   ⑫ 8

〔P. 17〕
① 37   ② 22   ③ 47
④ 17   ⑤ 34   ⑥ 18
⑦ 38   ⑧ 16   ⑨ 39
⑩ 5   ⑪ 6   ⑫ 8

〔P. 18〕
1 ① 22   ② 33   ③ 63
   ④ 25   ⑤ 47   ⑥ 38
   ⑦ 49   ⑧ 8   ⑨ 6

2 80 − 35 ＝ 45 45まい

〔P. 19〕
1 ① 25　② 41　③ 94
　④ 33　⑤ 47　⑥ 36
　⑦ 29　⑧ 45　⑨ 4
2 63 − 47 ＝ 16　16本

〔P. 20〕
1 ① 221　② 152　③ 325
2 ① さんびゃく　ななじゅう　ろく
　② ごひゃく　にじゅう　く
　③ はっぴゃく　よんじゅう　いち
3 ① 462　② 718

〔P. 21〕
1 ① 330　② 204　③ 400
2 ① ごひゃく　ろくじゅう
　② よんひゃく　なな
　③ きゅうひゃく
3 ① 260　② 504
　③ 560　④ 620
　⑤ 903　⑥ 405
　⑦ 800　⑧ 200

〔P. 22〕
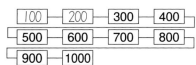

〔P. 23〕
1 ① 701　② 710
2 ① 376 < 589　② 428 < 439
　③ 628 > 621　④ 700 > 689
　⑤ 810 > 801　⑥ 999 < 1000

〔P. 24〕
1
	千の くらい	百の くらい	十の くらい	一の くらい
①	3	5	7	2
②	5	0	3	2
③	4	8	0	0
④	8	0	0	0

2 ① 2568　② 3330
　③ 6700　④ 9065
3 ① 五千八百二十七
　② 六千四
　③ 三千七百

〔P. 25〕
1 ① ア 5500　イ 6300　ウ 7800
　②

　③ 6500
　④ 6900
2 ① 3000　② 5200
　③ 3856　④ 7200

〔P. 26〕
1 ① 4327　② 7043
　③ 7000　④ 7200
　⑤ 10000
2 ① 347 > 346　② 728 < 827
　③ 633 > 533　④ 496 > 487
　⑤ 1589 < 1590

〔P. 27〕
1 ① 6000 − **7000** − 8000 − **9000** − 10000
　② 9600 − 9700 − **9800** − 9900 − 10000
　③ 9960 − **9970** − **9980** − 9990 − 10000

2 ① 8000
　② 7000
　③ 10000
3 ① 5600　② 8050
　③ 9999　④ 10000
4 ① 六千三　② 九千七十八

〔P. 28〕
① 105　② 107　③ 136
④ 133　⑤ 114　⑥ 129
⑦ 108　⑧ 115　⑨ 158

〔P. 29〕
① 112　② 122　③ 116
④ 121　⑤ 155　⑥ 144
⑦ 121　⑧ 133　⑨ 163

〔P. 30〕
① 100　② 101　③ 105
④ 105　⑤ 101　⑥ 104
⑦ 103　⑧ 101　⑨ 105

〔P. 31〕
① 117　② 127　③ 156
④ 121　⑤ 133　⑥ 163
⑦ 101　⑧ 104　⑨ 100
⑩ 114　⑪ 154　⑫ 104

〔P. 32〕
1　① 155　② 142　③ 103
　　④ 100　⑤ 147　⑥ 112
　　⑦ 123　⑧ 107　⑨ 134
2　74 + 28 = 102　　102 さつ

〔P. 33〕
1　① 114　② 121　③ 101
　　④ 154　⑤ 128　⑥ 124
　　⑦ 130　⑧ 102　⑨ 123
2　90 + 55 = 145　　145 円

〔P. 34〕
① 81　② 86
③ 82　④ 65
⑤ 92　⑥ 91

〔P. 35〕
① 88　② 77
③ 78　④ 85
⑤ 67　⑥ 77

〔P. 36〕
① 68　② 76
③ 89　④ 37
⑤ 94　⑥ 98

〔P. 37〕
① 63　② 97
③ 79　④ 25
⑤ 43　⑥ 88
⑦ 59　⑧ 64

〔P. 38〕
1　① 88　② 93
　　③ 88　④ 68
　　⑤ 75　⑥ 75
2　120 − 75 = 45　　45 まい

〔P. 39〕
1　① 61　② 52
　　③ 29　④ 94
　　⑤ 34　⑥ 22
2　144 − 87 = 57　　57 本

〔P. 40〕
1　① 8こ　② 8
2　① 5×6 （5×6 = 30）
　　② 6×4 （6×4 = 24）

〔P. 41〕
① 2×5 = 10
② 3×4 = 12
③ 6×3 = 18
④ 7×2 = 14

〔P. 42〕
1　2×3 = 6　　6こ
2　① 2　② 4
　　③ 6　④ 8
　　⑤ 10　⑥ 12
　　⑦ 14　⑧ 16
　　⑨ 18

〔P. 43〕（しょうりゃく）

〔P. 44〕
1 5×4＝20　　20こ
2 ① 5　　② 10
　　③ 15　　④ 20
　　⑤ 25　　⑥ 30
　　⑦ 35　　⑧ 40
　　⑨ 45

〔P. 45〕（しょうりゃく）

〔P. 46〕
① 2　　② 10　　③ 5　　④ 8
⑤ 4　　⑥ 20　　⑦ 12　　⑧ 6
⑨ 15　　⑩ 35　　⑪ 10　　⑫ 30
⑬ 18　　⑭ 25　　⑮ 14　　⑯ 45
⑰ 16　　⑱ 40

〔P. 47〕
① 15　　② 4　　③ 8　　④ 25
⑤ 35　　⑥ 6　　⑦ 5　　⑧ 16
⑨ 10　　⑩ 30　　⑪ 40　　⑫ 18
⑬ 12　　⑭ 10　　⑮ 20　　⑯ 2
⑰ 14　　⑱ 45

〔P. 48〕
1 3×3＝9　　9こ
2 ① 3　　② 6
　　③ 9　　④ 12
　　⑤ 15　　⑥ 18
　　⑦ 21　　⑧ 24
　　⑨ 27

〔P. 49〕（しょうりゃく）

〔P. 50〕
1 4×2＝8　　8まい
2 ① 4　　② 8
　　③ 12　　④ 16
　　⑤ 20　　⑥ 24
　　⑦ 28　　⑧ 32
　　⑨ 36

〔P. 51〕（しょうりゃく）

〔P. 52〕
① 18　　② 8　　③ 3　　④ 27
⑤ 4　　⑥ 6　　⑦ 16　　⑧ 9
⑨ 20　　⑩ 32　　⑪ 12　　⑫ 28
⑬ 15　　⑭ 21　　⑮ 12　　⑯ 24
⑰ 24　　⑱ 36

〔P. 53〕
① 3　　② 12　　③ 8　　④ 12
⑤ 24　　⑥ 36　　⑦ 24　　⑧ 15
⑨ 6　　⑩ 28　　⑪ 20　　⑫ 18
⑬ 21　　⑭ 32　　⑮ 4　　⑯ 27
⑰ 9　　⑱ 16

〔P. 54〕
1 6×3＝18　　18本
2 ① 6　　② 12
　　③ 18　　④ 24
　　⑤ 30　　⑥ 36
　　⑦ 42　　⑧ 48
　　⑨ 54

〔P. 55〕（しょうりゃく）

〔P. 56〕
1 7×4＝28　　28こ
2 ① 7　　② 14
　　③ 21　　④ 28
　　⑤ 35　　⑥ 42
　　⑦ 49　　⑧ 56
　　⑨ 63

〔P. 57〕（しょうりゃく）

〔P. 58〕
① 6　　② 36　　③ 21　　④ 12
⑤ 7　　⑥ 42　　⑦ 18　　⑧ 14
⑨ 42　　⑩ 28　　⑪ 48　　⑫ 24
⑬ 54　　⑭ 56　　⑮ 63　　⑯ 30
⑰ 49　　⑱ 35

〔P. 59〕
① 21　② 54　③ 42　④ 14
⑤ 35　⑥ 48　⑦ 30　⑧ 42
⑨ 7　⑩ 24　⑪ 12　⑫ 56
⑬ 28　⑭ 18　⑮ 36　⑯ 63
⑰ 49　⑱ 6

〔P. 60〕
1 8 × 3 = 24　24 こ
2 ① 8　② 16
　③ 24　④ 32
　⑤ 40　⑥ 48
　⑦ 56　⑧ 64
　⑨ 72

〔P. 61〕（しょうりゃく）

〔P. 62〕
1 9 × 2 = 18　18 つぶ
2 ① 9　② 18
　③ 27　④ 36
　⑤ 45　⑥ 54
　⑦ 63　⑧ 72
　⑨ 81

〔P. 63〕（しょうりゃく）

〔P. 64〕
① 24　② 8　③ 18　④ 27
⑤ 16　⑥ 48　⑦ 9　⑧ 45
⑨ 32　⑩ 64　⑪ 36　⑫ 40
⑬ 81　⑭ 54　⑮ 56　⑯ 72
⑰ 63　⑱ 72

〔P. 65〕
① 18　② 40　③ 24　④ 27
⑤ 9　⑥ 56　⑦ 16　⑧ 45
⑨ 72　⑩ 48　⑪ 64　⑫ 81
⑬ 36　⑭ 72　⑮ 32　⑯ 63
⑰ 54　⑱ 8

〔P. 66〕
1 1 × 5 = 5　5 こ

2 ① 1　② 2
　③ 3　④ 4
　⑤ 5　⑥ 6
　⑦ 7　⑧ 8
　⑨ 9

〔P. 67〕（しょうりゃく）

〔P. 68〕
① 20　② 45　③ 12　④ 9
⑤ 35　⑥ 30　⑦ 8　⑧ 16
⑨ 36　⑩ 81　⑪ 7　⑫ 64
⑬ 15　⑭ 6　⑮ 24　⑯ 40
⑰ 18　⑱ 35　⑲ 16　⑳ 20

〔P. 69〕
① 10　② 32　③ 9　④ 56
⑤ 24　⑥ 14　⑦ 48　⑧ 21
⑨ 54　⑩ 28　⑪ 27　⑫ 32
⑬ 63　⑭ 18　⑮ 40　⑯ 12
⑰ 25　⑱ 24　⑲ 24　⑳ 12

〔P. 70〕
① 6　② 8　③ 4
④ 6　⑤ 6　⑥ 8
⑦ 7　⑧ 10　⑨ 12
⑩ 12　⑪ 7　⑫ 18
⑬ 15　⑭ 9　⑮ 8
⑯ 9　⑰ 42　⑱ 6
⑲ 56　⑳ 9　㉑ 48
㉒ 54　㉓ 16　㉔ 14
㉕ 12　㉖ 35　㉗ 32
㉘ 8　㉙ 18　㉚ 20
㉛ 16　㉜ 48　㉝ 10
㉞ 20　㉟ 72　㊱ 15

〔P. 71〕
① 12　② 25　③ 24
④ 18　⑤ 14　⑥ 36
⑦ 24　⑧ 72　⑨ 24
⑩ 30　⑪ 42　⑫ 28
⑬ 27　⑭ 35　⑮ 30
⑯ 16　⑰ 40　⑱ 28

⑲ 21　⑳ 40　㉑ 56
㉒ 18　㉓ 27　㉔ 49
㉕ 45　㉖ 64　㉗ 63
㉘ 21　㉙ 81　㉚ 36
㉛ 45　㉜ 24　㉝ 36
㉞ 63　㉟ 32　㊱ 54

〔P. 72〕

1 ① 50　② 66

2

×	\multicolumn{5}{c}{かける数}				
	8	9	10	11	12
かけられる数 4	32	36	40	44	48
5	40	45	50	55	60
6	48	54	60	66	72
7	56	63	70	77	84

〔P. 73〕

1 ① 52　② 36

2

×	かけられる数				
	4	5	6	7	8
かける数 10	40	50	60	70	80
11	44	55	66	77	88
12	48	60	72	84	96

〔P. 74〕

1 ① 56　② 24　③ 36
　④ 48　⑤ 40　⑥ 30
　⑦ 35　⑧ 64　⑨ 28
　⑩ 81　⑪ 30　⑫ 35

2 3×4＝12　　12－2＝10　　10本

3 5

〔P. 75〕

1 ① 16　② 42　③ 56
　④ 20　⑤ 32　⑥ 20
　⑦ 24　⑧ 49　⑨ 63
　⑩ 25　⑪ 54　⑫ 42

2 4×5＝20　　20＋3＝23　　23こ

3 7×11＝77　　77＋7＝84
　7×12＝84　　84

〔P. 76〕

こんだて	ビーフシチュー	コーンスープ	クリームシチュー	ぶたじる	たまごスープ
正字	正下	正一	正	下	丅
人数(人)	8	6	5	4	2

すきなもの　2年1組

〔P. 77〕

① 右のひょう

② ビーフシチュー

③ コーンスープ

④ コーンスープが　4人多い

すきなもの

シチュービーフ	スープコーン	シチュークリーム	ぶたじる	スープたまご
○				
○				
○	○			
○	○	○		
○	○	○	○	
○	○	○	○	○
○	○	○	○	○

〔P. 78〕

したこと	ゲーム	しゅくだい	ならいごと	手つだい	テレビ	公園であそぶ
正字	正丅	正一	正	下	丅	丅
人数(人)	7	6	5	4	3	2

家に　帰って　はじめにしたこと　2年2組

〔P. 79〕

① 右のひょう

② ゲーム

③ 3人

④ 7＋6＋5
　＋4＋3＋2
　＝27　　27人

家に　帰って　はじめて　したこと

ゲーム	しゅくだい	ならいごと	手つだい	テレビ	公園であそぶ
○					
○	○				
○	○	○			
○	○	○	○		
○	○	○	○	○	
○	○	○	○	○	○
○	○	○	○	○	○

〔P. 80〕
① ビビンバ
② 7人
③ わかめごはん
④

すきな ごはん（2年1組）

カレーライス	白ごはん	チャーハン	ビビンバ	わかめごはん
			○	
			○	
○			○	
○			○	
○			○	
○			○	○
○		○	○	○
○	○	○	○	○
○	○	○	○	○

〔P. 81〕
① 休み時間にしたこと
② 2年3組
③ 1ばん　ドッジボール
　　2ばん　おにごっこ
　　3ばん　ジャングルジム
④ 校庭などに出て，体をうごかすことを
　する人が多い。
　ドッジボールをした人がいちばん多い
　2ばん目はおにごっこ
　したことは6しゅるい
　みんなで24人　　　　などから1つ

〔P. 82〕
1 （しょうりゃく）
2 ① 5cm　② 10cm

〔P. 83〕
1 ③
2 ① 1cm　② 2cm
　③ 3cm　④ 5cm
　⑤ 8cm
3 7cmと8cmの間

〔P. 84〕
1 10

2 （しょうりゃく）

〔P. 85〕
① 20mm　② 30mm
③ 75mm　④ 117mm

〔P. 86〕
1 ① 4cm3mm　② 7cm4mm
　③ 3cm6mm　④ 8cm9mm
2 ① 5cm5mm　② 6cm7mm
　③ 7cm4mm

〔P. 87〕
1 ① 6cm5mm　② 6cm5mm
　③ 4cm2mm　④ 4cm2mm
　⑤ 4cm2mm
2 （しょうりゃく）

〔P. 88〕
① 30mm　② 5cm
③ 4cm5mm　④ 63mm

〔P. 89〕
1 ① 50mm　② 70mm
　③ 8cm　④ 9cm
　⑤ 6cm3mm　⑥ 8cm7mm
2 ① 60mm　② 7cm
　③ 5cm9mm　④ 7cm2mm
　⑤ 81mm　⑥ 94mm
3 ① 10cm7mm　② 8cm4mm

〔P. 90〕
1 （しょうりゃく）
2 ① m　② m　③ m

〔P. 91〕
1 30＋30＋30＋30＋30＋30＝180
　1m80cm, 180cm
2 ① 1m50cm　② 4m80cm
　③ 2m90cm　④ 3m70cm

〔P. 92〕
① 500cm　② 6m

③　4 m12cm　　④　350cm

〔P. 93〕

1　①　600cm　　②　300cm
　　③　8 m　　　　④　5 m
　　⑤　7 m16cm　　⑥　304cm

2　①　200cm　　②　3 m
　　③　2 m46cm　　④　5 m 7 cm
　　⑤　541cm　　　⑥　705cm

3　①　5 m30cm　　②　3 m40cm

〔P. 94〕

1　①　2 mm　　　②　3 cm 3 mm
　　③　7 cm 4 mm　④　11cm 7 mm

2　①　20　　　　②　4
　　③　53　　　　④　6, 7
　　⑤　100　　　⑥　2
　　⑦　2, 30　　⑧　5, 7
　　⑨　350　　　⑩　403

〔P. 95〕

1　①　5 cm 2 mm　②　4 cm 2 mm
　　③　20cm　　　④　5 m85cm
　　⑤　3 m13cm

2　①　m　　②　cm　　③　m, cm
　　④　mm　　⑤　cm, mm

〔P. 96〕

1
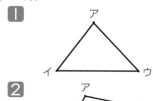

2

3　三角形　3，四角形　4

〔P. 97〕

①　㋐, ㋕, ㋖, ㋛
②　㋑, ㋗, ㋙, ㋚, ㋜

〔P. 98〕

1　れい
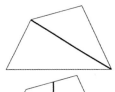

2　れい
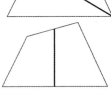

3　れい
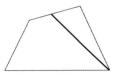

〔P. 99〕（しょうりゃく）

〔P. 100〕

1
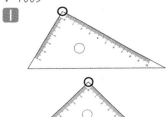

2　①　　　　②　　　　③
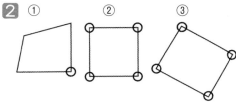

〔P. 101〕

1　㋐, ㋑, ㋓
2　へん

〔P. 102〕

1　へん
2　㋐, ㋒

－ 141 －

〔P. 103〕

1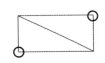

2 ㋐, ㋒, ㋔

〔P. 104〕

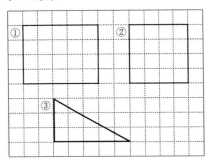

〔P. 105〕

1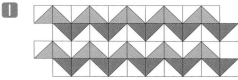

2 しょうりゃく

〔P. 106〕

1 ① 3, 3 ② 4, 4
2 ① 長方形 ② 正方形
③ 直角三角形
3 ① ちょう点 ② へん

〔P. 107〕

1 ① 長方形 ㋐
② 正方形 ㋑, ㋒
③ 直角三角形 ㋒, ㋔
2 ① 5cm ② 6cm
③ 5cm
3
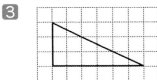

〔P. 108〕

1 ① 長方形 ② 6こ
③ 2こずつ
2 12本

〔P. 109〕

1 8こ
2 ① ㋐ 4 ㋑ 4 ㋒ 4
② 8
3 12本

〔P. 110〕

1 ㋐ 4cm ㋑ 3cm ㋒ 6cm
2 ① ㋑ ② ㋐

〔P. 113〕

1

2
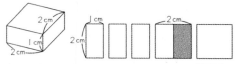

1つの正方形を2つに切って
同じ形の面を作る

〔P. 112〕

① ㋐ 1時10分 ㋑ 1時30分
② 20分間
③ 20めもり

〔P. 113〕

① 45分間 ② 10分間
③ 15分間 ④ 15分間

〔P. 114〕

1 60分間
2 ① 2時間 ② 2時間
③ 3時間

〔P. 115〕
① 午前8時30分 ② 午前8時50分
③ 午後1時50分 ④ 午後3時

〔P. 116〕
1 10時10分＋20分＝10時30分
　　　　　　　　午前10時30分
2 8時50分＋1時50分＝9時100分
　　　　　　　　＝10時40分
　　　　　　　　午前10時40分
3 午前9時から正午まで3時間
　　正午から2時間後は午後2時
　　　　　　　　午後2時

〔P. 117〕
1 9時50分－30分＝9時20分
　　　　　　　　午前9時20分
2 5時50分－1時間＝4時50分
　　　　　　　　午後4時50分
3 正午から午後2時まで2時間
　　正午より1時間前は午前11時
　　　　　　　　午前11時

〔P. 118〕
1 ① 60
　② 24，午前，12
　③ 正午
2 ① 午前9時
　② 午前8時
　③ 午後3時
　④ 午後1時
　⑤ 午前9時

〔P. 119〕
1 ① 5 ② 1
　③ 5 ④ 2
2 ① 2時間
　② 10分間
　③ 3時間
　④ 午前8時30分
　⑤ 午後5時
　⑥ 午後3時

〔P. 120〕
1 （しょうりゃく）
2 ① 5L ② 6L ③ 2L

〔P. 121〕
1 （しょうりゃく）
2 10dL
3 2L5dL

〔P. 122〕
1 ① 1L5dL＋4dL＝1L9dL
　　　　　　　　1L9dL
　② 1L5dL－4dL＝1L1dL
　　　　　　　　1L1dL
2 ① 6L2dL ② 2L7dL
　③ 4L5dL ④ 3L1dL
　⑤ 2L5dL ⑥ 6dL

〔P. 123〕
1 （しょうりゃく）
2 1000mL
3 100mL

〔P. 124〕
1 ① 10 ② 1000
　③ 100 ④ 30
　⑤ 2000 ⑥ 400
　⑦ 2 ⑧ 3
2 ① 5 ② 3，30
　③ 1500 ④ 500

〔P. 125〕
① 115mL ② 50mL
③ 10dL ④ 5dL
⑤ 40mL ⑥ 70mL
⑦ 5dL80mL ⑧ 2dL10mL
⑨ 5L3dL ⑩ 3L2dL

〔P. 126〕
1 ① 2L3dL
　② 2dL40mL
2 ① 1 ② 1000
　③ 100 ④ 20

⑤　3　　⑥　7
⑦　4000　　⑧　500

〔P. 127〕

1　① 4L　　② 7L 3dL
　　③ 4L 1dL　　④ 2L 4dL
　　⑤ 1L 8dL　　⑥ 150mL
　　⑦ 80mL

2　① mL　　② L
　　③ dL

〔P. 128〕
れい

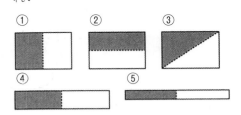

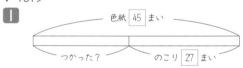

〔P. 129〕
れい

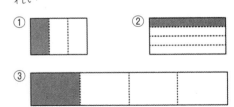

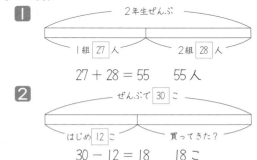

〔P. 130〕

1
2年生ぜんぶ
1組 27 人　　2組 28 人

$27 + 28 = 55$　　55人

2
ぜんぶで 30 こ
はじめ 12 こ　　買ってきた?

$30 - 12 = 18$　　18こ

〔P. 131〕

1
色紙 45 まい
つかった?　　のこり 27 まい

$45 - 27 = 18$　　18まい

2
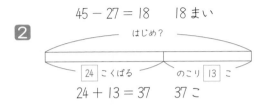
はじめ?
24 こくばる　　のこり 13 こ

$24 + 13 = 37$　　37こ

〔P. 132〕

1
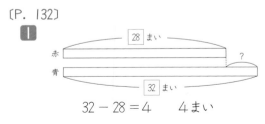
28 まい
赤　　?
青
32 まい

$32 - 28 = 4$　　4まい

2
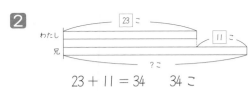
23 こ
わたし　　11 こ
兄
? こ

$23 + 11 = 34$　　34こ

〔P. 133〕

1
32 まい
わたし
こうじ　　6 まい　少ない

$32 - 6 = 26$　　26まい

2
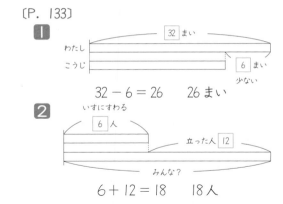
いすにすわる
6 人
立った人 12
みんな?

$6 + 12 = 18$　　18人